Diovana de Mello Lalis

ACÚSTICA E ÓPTICA

inter
saberes

intersaberes

Rua Clara Vendramin, 58 . Mossunguê . CEP 81200-170 . Curitiba . PR . Brasil
Fone: (41) 2106-4170
www.intersaberes.com
editora@intersaberes.com

Conselho editorial
Dr. Ivo Jose Both (presidente)
Dr. Alexandre Coutinho Pagliarini
Drª Elena Godoy
Dr. Neri dos Santos
Dr. Ulf Gregor Baranow

Editora-chefe
Lindsay Azambuja

Gerente editorial
Ariadne Nunes Wenger

Assistente editorial
Daniela Viroli Pereira Pinto

Preparação de originais
Mycaelle Sales

Edição de texto
Arte e Texto Edição e Revisão de Textos
Caroline Rabelo Gomes

Capa
Débora Gipiela (*design*)
white snow e Menno van der Haven/Shutterstock (imagens)

Projeto gráfico
Débora Gipiela (*design*)
Maxim Gaigul/Shutterstock (imagens)

Diagramação
Muse Design

Iconografia
Maria Elisa Sonda
Regina Claudia Cruz Prestes

Dados Internacionais de Catalogação na Publicação (CIP)
(Câmara Brasileira do Livro, SP, Brasil)

Lalis, Diovana de Mello
   Acústica e óptica/Diovana de Mello Lalis. Curitiba: InterSaberes, 2021. (Série Dinâmicas da Física)

   Bibliografia.
   ISBN 978-65-5517-471-7

   1. Acústica 2. Física 3. Óptica I. Título. II. Série.

21-71547   CDD-530

Índices para catálogo sistemático:
1. Física   530

Cibele Maria Dias – Bibliotecária – CRB-8/9427

1ª edição, 2021.

Foi feito o depósito legal.

Informamos que é de inteira responsabilidade da autora a emissão de conceitos.

Nenhuma parte desta publicação poderá ser reproduzida por qualquer meio ou forma sem a prévia autorização da Editora InterSaberes.

A violação dos direitos autorais é crime estabelecido na Lei n. 9.610/1998 e punido pelo art. 184 do Código Penal.

Sumário

Apresentação 5
Como aproveitar ao máximo este livro 7

1 Rotações 12
   1.1 Aspectos da rotação 14
   1.2 Energia cinética de rotação 23
   1.3 Momento de inércia 26
   1.4 Momento angular 36

2 Ondas sonoras 55
   2.1 O som e seus principais componentes 57
   2.2 Velocidade do som 73
   2.3 Propriedades do som 77
   2.4 Ondas 95
   2.5 Movimento ondulatório 99

3 Óptica 120
   3.1 Breve história da óptica 123
   3.2 Modelos da óptica 127
   3.3 Experimentos e pesquisas sobre a natureza da luz 132
   3.4 Conceitos fundamentais 143
   3.5 Resolução de problemas físicos relacionados à refração e à reflexão 154
   3.6 Tecnologias que utilizam os fenômenos de refração e reflexão 161

4 Comportamento da luz 164

    4.1 O modelo da luz e seus limites   167
    4.2 Espelhos e reflexão   178
    4.3 Lentes e refração   196

5 Sistema visual 211

    5.1 Fenômenos de interferência e difração   214
    5.2 Partes do olho humano   234

Considerações finais   259
Referências   260
Bibliografia comentada   267
Sobre a autora   268

Apresentação

A Física é um ramo complexo e composto de diversos outros, entre os quais abordamos neste livro a acústica e a óptica. Reconhecendo a extensão desse conteúdo, optamos por versar sobre seus principais tópicos, sem perder de vista a igual importância dos demais. Nessa direção, a difícil tarefa de organizar um conjunto de conhecimentos sobre determinado objeto de estudo – neste caso, a acústica e a óptica – requer a construção de relações entre conceitos, constructos e práxis, articulando saberes de base teórica e empírica.

Em outros termos, trata-se de estabelecer uma rede de significados entre saberes, experiências e práticas, assumindo-se que tais conhecimentos encontram-se em constante processo de transformação. Assim, nossa primeira decisão consiste em introduzir os conceitos relacionados àquelas vertentes.

Para uma melhor compreensão, a obra foi dividida em cinco capítulos. No Capítulo 1, discorreremos sobre a rotação, esclarecendo como descrever um corpo rígido em rotação, o momento de inércia e o momento angular. Já no Capítulo 2, enfocaremos as ondas sonoras, perpassando os componentes do som, sua velocidade, suas propriedades e sua natureza. Por sua vez, no Capítulo 3, no que concerne ao estudo da ótica, conceituaremos luz, espelhos planos, reflexão difusa e refração da luz.

No Capítulo 4, examinaremos o fenômeno óptico de cada modelo, espelho e reflexão, bem como espelho e formação de lentes, e, no Capítulo 5, trataremos dos fenômenos ligados à interferência e à difração.

A você, estudante/pesquisador, desejamos excelentes reflexões.

Como aproveitar ao máximo este livro

Empregamos nesta obra recursos que visam enriquecer seu aprendizado, facilitar a compreensão dos conteúdos e tornar a leitura mais dinâmica. Conheça a seguir cada uma dessas ferramentas e saiba como elas estão distribuídas no decorrer deste livro para bem aproveitá-las.

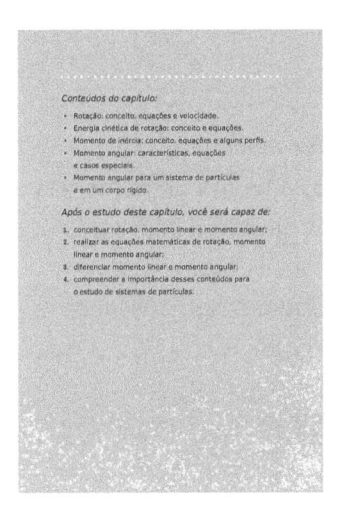

Conteúdos do capítulo:
Logo na abertura do capítulo, relacionamos os conteúdos que nele serão abordados.

Após o estudo deste capítulo, você será capaz de:
Antes de iniciarmos nossa abordagem, listamos as habilidades trabalhadas no capítulo e os conhecimentos que você assimilará no decorrer do texto.

Preste atenção!
Apresentamos informações complementares a respeito do assunto que está sendo tratado.

Para saber mais
Sugerimos a leitura de diferentes conteúdos digitais e impressos para que você aprofunde sua aprendizagem e siga buscando conhecimento.

Perguntas & respostas

Nesta seção, respondemos às dúvidas frequentes relacionadas aos conteúdos do capítulo.

Exercícios resolvidos

Nesta seção, você acompanhará passo a passo a resolução de alguns problemas complexos que envolvem os assuntos trabalhados no capítulo.

Exemplificando
Disponibilizamos, nesta seção, exemplos para ilustrar conceitos e operações descritos ao longo do capítulo a fim de demonstrar como as noções de análise podem ser aplicadas.

Estudo de caso
Nesta seção, relatamos situações reais ou fictícias que articulam a perspectiva teórica e o contexto prático da área de conhecimento ou do campo profissional em foco com o propósito de levá-lo a analisar tais problemáticas e a buscar soluções.

Bibliografia comentada

ARCHANJO, E. M. J. et al. **Ensino médio**: matemática, ciências da natureza e suas tecnologias. São Paulo: Pearson, 2015.

De maneira didática, esse livro aborda diversos conteúdos concernentes às ciências da natureza, em especial as ondas, e sua aplicação prática.

BONJORNO, J. R. et al. **Física**. São Paulo: FTD, 2010.

Essa obra trata da física em geral, mas dedica especial atenção ao estudo do efeito Doppler.

HEWITT, P. G. **Fundamentos de física conceitual**. Tradução de Trieste Freire Ricci. 10. ed. Porto Alegre: Bookman, 2010.

Entres os tópicos analisados nesse material estão diretrizes, normas e leis que arquitetos, engenheiros e fabricantes de materiais de construção devem seguir, e esse livro oferece um importante auxílio nesse processo.

KARLEN, M. **Planejamento de espaços internos**. Tradução de Alexandre Salvaterra. 3. ed. Porto Alegre: Bookman, 2010.

Entre os assuntos profundamente explorados nesse livro estão as grandezas e a pressão sonora. Importantes para o nosso estudo.

Bibliografia comentada

Nesta seção, comentamos algumas obras de referência para o estudo dos temas examinados ao longo do livro.

Rotações

1

Conteúdos do capítulo:

- Rotação: conceito, equações e velocidade.
- Energia cinética de rotação: conceito e equações.
- Momento de inércia: conceito, equações e alguns perfis.
- Momento angular: características, equações e casos especiais.
- Momento angular para um sistema de partículas e em um corpo rígido.

Após o estudo deste capítulo, você será capaz de:

1. conceituar rotação, momento linear e momento angular;
2. realizar as equações matemáticas de rotação, momento linear e momento angular;
3. diferenciar momento linear e momento angular;
4. compreender a importância desses conteúdos para o estudo de sistemas de partículas.

Neste capítulo, conceituaremos *rotações* e veremos como descrever um corpo rígido em rotação. Em complemento, analisaremos os significados do momento de inércia e do momento angular, bem como modos de calculá-los.

O conceito de rotação de um corpo rígido serve de base para grande parte dos estudos do movimento de rotação em mecânica. Tanto na indústria como no dia a dia, encontramos diversos exemplos desse movimento, como a roda do carro girando, os ponteiros do relógio de parede pendurado na cozinha, a turbina do avião e o eixo que faz a esteira rolante deslizar um produto em processo de fabricação.

O momento de inércia, por sua vez, é muito aplicado no estudo da distribuição de forças em superfícies e massas. Com isso, podem-se identificar suas principais características.

Já o momento angular, também denominado de *quantidade de movimento angular*, é uma grandeza vetorial associada a um sistema em rotação, uma massa pontual, um sistema de partículas ou um corpo rígido. Ele fornece uma medida da quantidade de movimento rotacional desse sistema em relação a determinado eixo de rotação ou a uma origem particular.

1.1 Aspectos da rotação

Toda vez que você abre uma porta, está rotacionando um corpo rígido ao redor de um eixo fixo. Quando abre uma torneira, centrifuga roupa ou se diverte em um parque de diversões no brinquedo *kamikaze* ou no barco *viking*, está sujeito a forças e torques atuantes sobre um corpo rígido em movimento de rotação em torno de um eixo fixo.

É pertinente enfatizarmos que não trataremos das situações físicas envolvendo rotação e translação – como é o caso da roda de um carro, que, ao se deslocar, tem um movimento de rotação em torno de seu centro de massa simultaneamente a um deslocamento translacional –, e sim dos movimentos de rotação em torno de um eixo fixo, isto é, que não muda de posição. Nesse sentido, tal eixo pode fixar-se no centro de massa do objeto ou em qualquer ponto arbitrário.

A palavra *rotação* vem do latim *rotatìo*, que significa "a ação de mover a roda, de fazer dar a volta". Portanto, é possível definir esse movimento como um circular em torno de um eixo. Como exemplos disso, podemos citar um peão de madeira, um carrossel no parque de diversões, a hélice de um helicóptero e uma bola de boliche girando até fazer um *strike*.

Esse eixo pode ser fixo ou não. Nos exemplos citados, observa-se que o carrossel gira em torno de um eixo fixo, pois ele não se move. Já a bola de boliche circunda um eixo que se move por toda a pista de boliche – nesse caso, concomitantemente, notam-se os movimentos de rotação e translação.

A Figura 1.1 demonstra o movimento de rotação e sua direção em torno de um eixo.

Figura 1.1 – Movimento de rotação em torno de um eixo

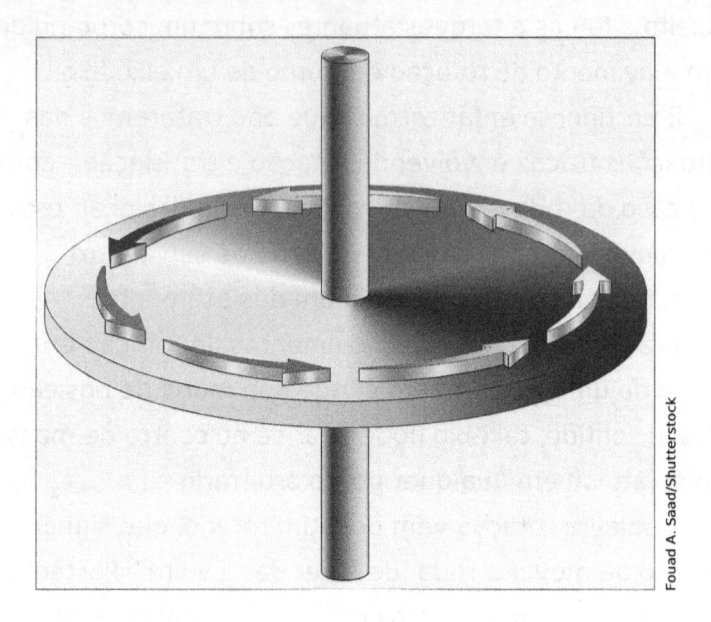

O movimento de rotação caracteriza-se pela seguinte dinâmica: se isolarmos uma partícula qualquer do corpo e analisarmos seu movimento, sua trajetória será circular, e a distância entre esse elemento e o eixo fixo de rotação irá variar.

A diferença básica entre o movimento circular e o movimento de rotação é que o primeiro concerne a objetos considerados pontos materiais, ao passo que o segundo refere-se a corpos extensos, cuja distribuição de massa impacta no movimento.

A Figura 1.2, mais adiante, apresenta duas situações de rotação do mesmo objeto rígido, representado por um disco dependurado na vertical e sob ação da gravidade. O primeiro eixo de rotação passa pelo seu centro de massa (em preto na imagem) e é perpendicular a seu movimento de rotação.

A segunda situação mostra um eixo de rotação fixado em uma das extremidades do disco. Digamos que seja aplicada uma força na extremidade de cada um dos discos. Qual tipo de movimento poderíamos constatar nesse cenário? Note que, em ambos os discos, ocorreria o movimento de rotação, em que o eixo de rotação é diferente a depender do caso.

Portanto, um eixo fixo de rotação pode estar localizado noutro ponto que não no centro de massa. Além do disco, pode-se pensar em qualquer forma rígida. Se o eixo permanece estático diante do movimento de rotação, tem-se uma rotação pura.

Figura 1.2 – Discos com eixos de rotação (representados em preto) no centro de massa (a) e fixado na borda (b)

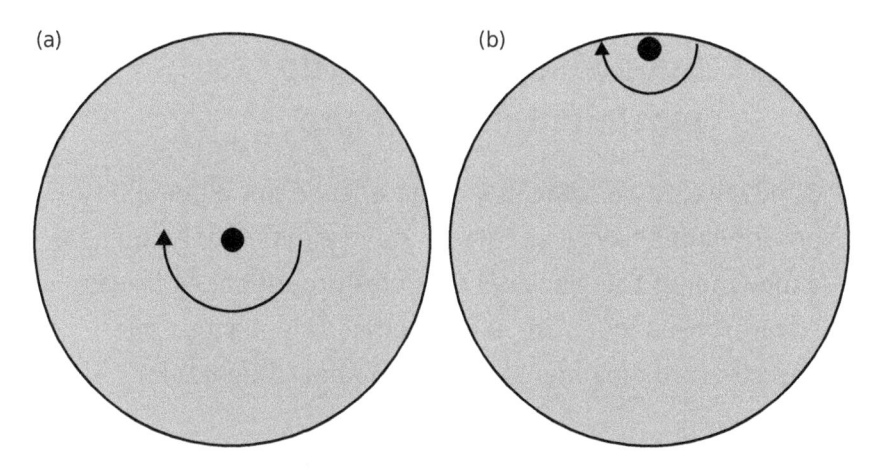

(a) (b)

Agora, pensemos no primeiro disco (cujo eixo de rotação está fixado em seu centro de massa) como sendo composto por vários fragmentos infinitesimais (com elemento de massa dm). Suponhamos que o disco esteja rotacionando. Qual tipo de trajetória cada um desses pedaços dm descreveria?

É fácil visualizar que o movimento das massas dm é circular, com raio de curvatura indo do centro de rotação até o pedaço dm. No caso do segundo disco, que executa um movimento parecido com um pêndulo quando suspenso por uma de suas extremidades e sob o efeito da gravidade, a trajetória de cada pedaço infinitesimal de massa também pode ser descrita por um movimento circular. Porém, caso não tivesse energia suficiente, exibiria somente parte desse movimento circular, delineando um vai e vem ao redor do raio de curvatura referente ao eixo fixado.

1.1.1 Equações referentes ao movimento de rotação

O movimento de rotação é caracterizado por algumas propriedades físicas angulares, da mesma maneira que o movimento translacional o é pelas propriedades físicas lineares. Na sequência, explicaremos as equações que descrevem o movimento de rotação em torno de um eixo fixo.

A posição angular (θ, em graus ou radianos) é uma medida de ângulo relativa à posição em que um corpo rígido se encontra no sistema de coordenadas. Para inferir a posição final desse corpo, pode-se expressar essa rotação com uma medida de ângulo, que concerne ao deslocamento angular ($\Delta\theta$, em graus ou radianos). O deslocamento angular pode resultar em uma medida de ângulo negativa, quando o movimento acontece no sentido horário, ou positiva, quando acontece no sentido anti-horário. Uma revolução completa, ou seja, uma volta completa do movimento de rotação, implica um deslocamento angular de 2π rad, ou 360°.

A velocidade angular (ω), por sua vez, é a taxa temporal com que o deslocamento angular acontece, ou seja:

$$\omega = \frac{\Delta\theta}{\Delta t}$$

É possível, ainda, calcular a velocidade angular instantânea, quando o limite da variação no tempo Δt tende a zero:

$$\omega = \frac{d\theta}{dt}$$

Se o movimento de rotação está sob a influência de uma força externa, causando um torque no sistema, é interessante evidenciar a taxa de variação da velocidade angular, representada pela aceleração angular:

$$\alpha = \frac{d\omega}{dt}$$

A unidade geralmente utilizada para a velocidade angular é rad/s; para a aceleração angular, é rad/s². As angulares de velocidade e aceleração e a relação entre as variáveis lineares de um ponto no corpo são expressas pelas seguintes equações:

$$v = \omega r$$

$$a = \alpha r$$

Nelas, *v* simboliza a velocidade linear (em m/s), *a* a aceleração linear (em m/s²) e *r* a distância (em metros) do centro de rotação ao ponto de análise dos vetores lineares.

Quando um corpo rígido em rotação é submetido a forças externas, um momento de força (ou torque) pode ser inferido. Em um sistema submetido a várias forças externas, como o examinado na Figura 1.2, é pertinente apresentar o somatório das forças atuando nas direções tangencial e normal do sistema.

1.1.2 Velocidade do movimento de rotação

Um parâmetro que deve ser analisado com cuidado no movimento de rotação é a velocidade, uma grandeza vetorial que descreve a taxa de variação do espaço no tempo. Para um movimento circular, esse espaço pode ser medido em relação ao ângulo ou ao arco percorrido (distância linear). Dessa forma, têm-se uma velocidade angular e uma velocidade tangencial, as quais caracterizam o movimento de rotação.

A Figura 1.3 representa, de forma clara, a diferença entre as velocidades angular e tangencial.

Figura 1.3 – Velocidades angular e tangencial e distância percorrida por elementos diferentes em um disco girando em torno de seu eixo fixo central

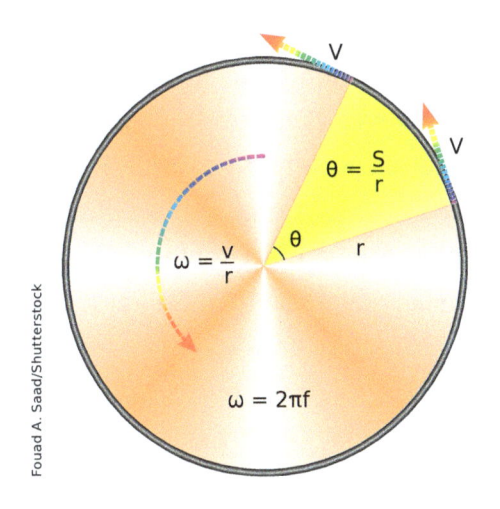

$$\theta = \frac{s}{r}$$

$$\omega = \frac{v}{r}$$

$$\omega = 2\pi f$$

Enfocando-se um elemento ou partícula desse disco durante o movimento de rotação, percebe-se que a velocidade tangencial varia em função da distância entre o elemento observado e o eixo de rotação.

Na Figura 1.3, é possível notar que o elemento amarelo percorre uma distância linear maior que a do elemento laranja. Isso acontece porque ele está mais longe do eixo de rotação do que o vetor colorido. Apesar de as distâncias lineares serem diferentes, o tempo total gasto para percorrê-las é o mesmo. Lembre-se de que é um corpo rígido; logo, a borda do disco não se move separadamente do restante do objeto. Dessa forma, a velocidade tangencial é maior do que a velocidade angular, mas a velocidade angular dos dois elementos é a mesma, pois ambos varrem o ângulo no mesmo intervalo de tempo.

Portanto, a velocidade tangencial e a velocidade angular são proporcionais. Essa proporcionalidade, muito bem descrita por Hewitt (2015), está relacionada com a distância entre o elemento observado e o eixo de rotação, chamada de *distância radial* (raio do círculo).

Para uma rotação no sentido anti-horário, o vetor velocidade angular é representado para cima, ao passo que, no sentido horário, é representado para baixo. De acordo com Halliday, Resnick e Walker (1996), existe uma convenção de sinais: uma rotação no sentido anti-horário tem sinal positivo, enquanto uma rotação no sentido horário tem sinal negativo.

Para saber mais

Uma aplicação do movimento de rotação em torno de um eixo fixo muito utilizada em laboratórios é a separação de misturas em centrífugas. A alta velocidade angular desse dispositivo é capaz de separar alguns tipos e misturas. Para saber mais sobre sobre assunto, acesse o *site* da Sociedade Brasileira de Química (SBQ).

SBQ – Sociedade Brasileira de Química. Disponível em: <http://www.sbq.org.br/>. Acesso em: 6 maio 2021.

1.2 Energia cinética de rotação

Todas as grandezas e as características do movimento de rotação abordadas até então se referem à cinemática dele. Agora, veremos como funciona sua dinâmica, especificamente a energia cinética. De acordo com Bauer, Westfall e Dias (2013), a energia cinética (K) está associada ao movimento e é proporcional à velocidade do corpo. Portanto, quanto maior a velocidade dele, maior a energia cinética. A equação para um movimento de translação de um ponto material é dada por:

$$k = \frac{1}{2}mv^2$$

Para um movimento de rotação, pode-se substituir a velocidade linear pela velocidade angular, respeitando-se a relação que foi descrita na Seção 1.1:

$$k = \frac{1}{2}m(r\omega^2)$$

Reorganizando-se essa equação, tem-se que:

$$k = \frac{1}{2}mr^2\omega^2$$

Ao se analisar esse sistema, percebe-se que o objeto não é mais um ponto material, mas um corpo extenso e rígido. Logo, não é possível examiná-lo todo como um único ponto material. Como a velocidade tangencial varia conforme a distância do eixo de rotação, deve-se verificar toda a distribuição de massa do corpo estudado. Por exemplo, imagine que você está observando cada partícula desse corpo em sua posição. Assim, deve se referir à energia cinética desse movimento como o somatório da energia cinética dessas partículas.

Desse modo, a equação que descreve a energia cinética do movimento de rotação em torno de um eixo fixo é dada por:

$$k = \frac{1}{2} f(z) = \sum_{i=1}^{n} mi \, ri^2 \, \omega i^2$$

Em que *mi* é a massa da partícula *i*; ωi é a velocidade angular da partícula *i*; e *ri* é a distância radial da partícula *i* até o eixo fixo de rotação. Essas grandezas estão representadas na Figura 1.3.

Mas como a distribuição de massa interfere no movimento de rotação? Com um lápis e uma folha de papel, é possível verificar esse efeito. Primeiro, com a ponta do lápis, faça um furo no centro da folha inteira e aberta. Agora, tente fazê-la girar em torno do lápis. Você executará esse movimento com certa facilidade. Em seguida, dobre ou amasse a folha apenas de um lado até chegar perto do furo. Mantenha o outro lado intacto e, depois, tente fazer a folha girar novamente. O movimento de rotação não será o mesmo e, na verdade, será executado com alguma dificuldade.

Na primeira situação, há uma distribuição uniforme da massa da folha de papel com o eixo de rotação em seu centro de massa. Já na segunda situação, a distribuição da massa é heterogênea e o eixo não está mais no centro de massa. Por meio desse teste, é possível concluir que a distribuição de massa do corpo que entrará em movimento de rotação faz toda a diferença para que este aconteça.

Assim, percebe-se o quão importante é empreender uma análise completa da distribuição de massa de um objeto que será colocado em movimento de rotação, bem como reconhecer que a localização do eixo de rotação tem grande influência nesse movimento.

O que é

Segundo a lei de Faraday-Neumann, uma corrente induzida aparece em um condutor somente se houver variação do fluxo magnético.

Exemplificando

Esse conceito é aplicado no funcionamento de um gerador. Para que essa variação ocorra, um dos parâmetros que formam um fluxo magnético deve ser instável. O fluxo depende do campo magnético (B), da área da superfície do condutor e do ângulo α entre o normal da superfície do condutor e as linhas de campo. A equação do fluxo é dada por:

$$\theta = \vec{B}\,S\cos\alpha$$

Por meio da análise dessa equação, percebe-se que, ao se variar o cosseno de α em função do tempo, varia-se o fluxo magnético conforme o tempo e, de acordo com Faraday, tem-se como resultado a indução de corrente no condutor. A maneira mais prática de se variar esse ângulo é por meio da rotação do eixo fixo de uma turbina utilizando-se a força da água em hidrelétricas ou a força dos ventos em aerogeradores para impulsioná-la.

1.3 Momento de inércia

Da mesma forma que um objeto em repouso ou em movimento tende a permanecer em repouso ou em movimento se nenhuma força externa lhe for aplicada (primeira lei de Newton), um corpo rígido que apresenta um movimento de rotação também tende a permanecer em movimento de rotação, ou em repouso, se assim estiver inicialmente. No caso do movimento de rotação, a ação de uma força por meio de um torque induzido é responsável pela mudança no movimento.

Essa propriedade de um objeto resistir a uma mudança no movimento de rotação é chamada de *momento de inércia*. O momento de inércia é uma grandeza que evidencia o quanto a aceleração angular é inversamente proporcional ao torque; ou seja, para um torque constante, quanto maior o momento de inércia, menor a aceleração angular.

Pode-se expressar o momento de força pela seguinte equação: $M = I\alpha$, em que M é o momento de força resultante, I é o momento de inércia e α é a aceleração angular. Note a similaridade do movimento de translação de um corpo rígido governado por $F = m \cdot a$, em que a massa é uma medida da resistência do corpo ante a aceleração linear *a*. O momento de força também é conhecido como *segunda lei de Newton* para o movimento de rotação.

Você já deve ter brincado com aqueles carrinhos de brinquedo que, quando impulsionados para adquirir velocidade, continuam se movendo depois de soltos. Como isso é possível, uma vez que o carrinho não possui nenhum tipo de alimentação por meio de pilhas ou algo que lhe forneça energia? Internamente, o brinquedo tem um sistema de engrenagens. Quando ele é posto para girar por meio do impulso, após solto, o carrinho continua o movimento, perdendo lentamente sua energia rotacional. Isso ocorre porque as engrenagens apresentam um momento de inércia relativamente grande para o tamanho do brinquedo, de modo que, quando ele é solto, utiliza essa energia armazenada para continuar seu deslocamento.

Outro exemplo parecido é o da centrífuga de roupas comum nas casas. Quando começa a girar, adquire uma velocidade angular. Se a energia elétrica que a alimenta é cortada, ela continua a girar e vai perdendo gradativamente sua velocidade angular (e energia rotacional) até parar. Quanto maior for o momento de inércia rotacional de um objeto, maior a dificuldade para se modificar o movimento em que esse elemento se encontra.

Esse conceito é bem conhecido no circo pelos artistas que se equilibram com barras finas em cordas assustadoramente altas. É justamente essa barra que lhes dá segurança para realizar a travessia de um lado a outro da corda. Grande parte da massa desse objeto concentra-se longe do eixo de rotação, localizado no meio da barra, onde o equilibrista a segura. Nesse caso, o momento de inércia da barra é considerável, de maneira a resistir a uma mudança no movimento da barra.

Quando o artista percebe que está perdendo o equilíbrio, o momento de inércia da barra oferece a chance de ele se reequilibrar e não cair. Quanto maior a barra, maior o momento de inércia e mais fácil é para o artista se recompor. Profissionais mais treinados podem, até mesmo, andar em uma corda-bamba sem usar essa ferramenta, mantendo-se firmes ao abrirem os braços, como uma simulação da barra rígida.

Como exemplos do exposto, podemos observar, na Figura 1.4, uma patinadora se movendo em uma linha reta. No entanto, se olharmos a Figura 1.5, notaremos que a atleta está girando em torno de seu proprio eixo.

Figura 1.4 – Patinadora movimentando-se em linha reta

Figura 1.5 – Patinadora movimentando-se em torno de seu proprio eixo

A inércia rotacional de um objeto depende do eixo em que acontece o movimento de rotação. Como exemplo, pegue uma caneta e realize o movimento de rotação considerando três eixos: 1) em torno do eixo que passa ao longo do comprimento da caneta; 2) perpendicular ao comprimento da caneta; e 3) em torno de uma das extremidades.

Nesse contexto, qual dos movimentos apresenta a menor e a maior resistência à rotação? A indução do movimento de rotação no primeiro caso é muito mais fácil quando comparado aos outros dois movimentos sugeridos. O último movimento, por sua vez, é o que oferece maior resistência à rotação.

O segundo movimento sugerido é o que demonstra momento de inércia intermediário aos demais movimentos. Mas por que essa resistência é diferente nos três casos? Isso se deve à maneira como a massa da caneta é distribuída em relação a seu eixo de rotação.

No primeiro caso, a massa da caneta está concentrada mais próxima do eixo de rotação, que é ao longo desse objeto. No segundo caso, no qual o eixo de rotação é perpendicular ao comprimento da caneta, a massa está distribuída como no caso do equilibrista do exemplo anterior: metade da massa ao longo da metade do comprimento da caneta para um lado e o restante para o outro lado. No terceiro caso, em que o eixo de rotação é em uma das extremidades da caneta, temos uma situação parecida com um pêndulo, no qual toda a massa está distribuída ao longo do comprimento do eixo de rotação até a outra ponta.

1.3.1 Funções matemáticas que definem o momento de inércia de formas geométricas

Como apontamos, a geometria de um objeto, bem como a localização do eixo de rotação, são fatores importantes que definem o momento de inércia. Digamos que um corpo rígido seja constituído de algumas partículas. Nesse caso, o momento de inércia rotacional é expresso como:

$$I = \sum_{i=1}^{n} m_i r_i^2$$

Na qual *mi* é a massa de uma das partículas e *ri* é a distância da localização dessa partícula em relação ao eixo de rotação.

Já quando se trata um objeto rígido como um contínuo de partículas, no lugar de se realizar o somatório individual de cada uma das infinitas partículas que o compõem, é mais fácil indicar o momento de inércia com uma integral:

$$I = \int r^2 dm$$

Essa é a definição matemática do momento de inércia rotacional para um corpo com massa distribuída continuamente. Aqui, a distância *r* é calculada como perpendicular ao eixo de rotação em z. O momento de inércia geralmente é expresso pelas unidades de [kg · m²]. Uma vez que r é elevado ao quadrado, o momento de inércia sempre tem valor positivo. Quando o eixo de rotação passa pelo centro de massa do objeto rígido, o momento de inércia geralmente é denotado como *rotação*.

Em muitas situações físicas, o corpo rígido pode ter uma distribuição de massa variável, apresentando, então, uma variação da densidade ao longo do corpo rígido. Nesse caso, o infinitesimal de massa *dm* pode ser expresso de acordo com sua densidade e seu volume. Sabendo-se que a densidade (ρ) é definida como sendo a massa (m) pelo volume (V), verifica-se que dm = ρ · dV. Agora, pode-se substituir *dm* na integral que define o momento de inércia:

$$I = \int r^2 \rho \, dV$$

Nessa direção, tem-se uma integral definida com um elemento infinitesimal de volume. Em alguns casos, a densidade é constante e pode ser retirada da integral, e a integral pode ser resolvida por meio de uma questão puramente geométrica.

Vamos aplicar os conceitos matemáticos abordados há pouco para o cálculo do momento de inércia de um disco de raio *R*, espessura *t*, massa total *M* e volume total *V*, conforme simbolizado na Figura 1.6.

Figura 1.6 – Disco com raio R, espessura t e eixo de rotação (linha preta) passando pelo centro de massa

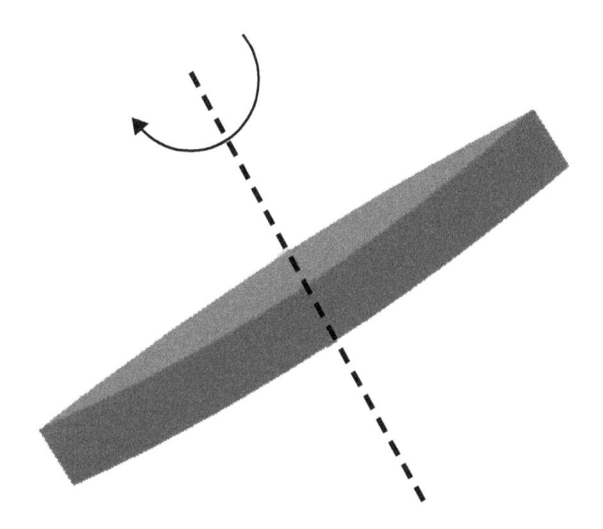

O disco pode ser dividido em vários anéis finos de raio dr e espessura t. O volume para cada um desses anéis, de raio r, pode ser escrito como:

$$dV = (2\pi r) \cdot t \cdot dr$$

Já a massa deles pode ser expressa como:

$$dm = \rho \cdot dV$$

Em que ρ é a densidade do sólido, dada por $\rho = M/V$. Uma vez que todas as partículas que compõem um desses anéis estão localizadas na mesma distância r em relação ao eixo de rotação, o momento de inércia para esse anel pode ser calculado como:

$$dI = r^2 \cdot \rho \cdot dV$$

Integrando-se *dl* para todo o disco, tem-se:

$$Id = \int_0^R dl = \int_0^R r^2 \cdot \rho \cdot (2\pi r) \cdot t \, dV$$

Como ρ, 2π e t são constantes e podem ser retirados da integral, sobrando somente $r \cdot r^2 \cdot dr$ na parte interna. Por fim, realiza-se a integral variando-se o elemento *dr* de 0 a R, chegando-se a:

$$Id = \frac{\rho \cdot \pi \cdot t \cdot R^2 \cdot R^2}{2} = \frac{1}{2}(\rho \cdot \pi \cdot t \cdot R^2)R^2$$

Como o volume do disco é dado por $V = \pi \cdot R^2 \cdot t$ e $\rho \cdot V = M$, tem-se que $M = \rho \cdot \pi \cdot t \cdot R^2$. Então:

$$Id = M \cdot \frac{R^2}{2}$$

1.3.2 Momento de inércia de determinados perfis e associação de perfis

No exemplo da caneta com eixo de rotação localizado em uma das extremidades, este não passa pelo centro de massa do objeto, e os cálculos do momento de inércia, com base na equação $I = \int r^2 dm$, podem se tornar um pouco mais complexos. O teorema dos eixos paralelos pode ser aplicado nessas situações, facilitando o cálculo.

Digamos que haja um objeto rígido de massa $M = \sum mi$, com centro de massa indicado por G.

Adotando-se um sistema de coordenadas com origem no centro de massa, deseja-se descobrir o momento de inércia desse corpo rígido para um eixo de rotação passando pelo ponto P, paralelo a um eixo atravessando o centro de massa, com posição em (xp, yp) e distância d em relação à origem do sistema de coordenadas. Para tanto, somam-se todos os momentos de inércia para cada uma das enésimas massas do corpo rígido. A distância ao quadrado do ponto P em relação a uma dessas massas mi (ri^2) é dada por: ri 2 = $(xi - xp)^2 + (yi - yp)^2$. E, assim, calcula-se o momento de inércia para o ponto P:

$$Ip = \sum mi\, ri^2 = \sum mi \cdot (xi - xp)^2 + (yi - yp)^2$$

$$Ip = \sum mi(xi^2 - 2xpxi + xp^2 + yi^2 - 2ypyi + yp^2)$$

Rearranjando-se os termos, temos:

$$Ip = \sum mi(xi^2 + yi^2) + \sum mi(xp^2 + yp^2) - 2xp\sum mi\, xi - 2yp\sum mi\, yi$$

$\sum mi(xi^2 + yi^2)$ é igual ao momento de inércia em relação ao centro de massa (I_G) e ($xp^2 + yp^2$) é igual a d^2. O somatório da multiplicação entre as massas *mi* e *xi* e *mi* e *yi* é igual a zero, pois, dado que as massas estão distribuídas igualmente nos sentidos positivo e negativo de *x* e *y*, o somatório recai no centro de massa do objeto, que está localizado na origem do sistema de coordenadas (x = 0 e y = 0). Por fim, tem-se a prova do teorema dos eixos paralelos, representado por:

$$Ip = Ig + Md^2$$

Portanto, o momento de inércia de um objeto rígido com eixo de rotação paralelo a um eixo passando pelo centro de massa é igual ao momento de inércia do centro de massa somado a Md^2, sendo d a distância que separa os dois eixos de rotação.

1.4 Momento angular

O estudo do momento angular é de grande relevância, haja vista que essa grandeza fornece a base estrutural para se definir, por exemplo, a segunda lei de Newton para rotações. Além disso, o momento angular tem implicações no estudo físico de corpos celestes, como estrelas, planetas e satélites naturais que rotacionam pelo espaço, e na mecânica quântica, em que partículas como prótons e elétrons apresentam um momento angular quantizado.

Por conseguinte, o momento angular e suas implicações perpassam todas as escalas de grandeza em que a física desdobra-se em subcampo de estudo.

1.4.1 Características do momento angular

O momento angular de um corpo é uma grandeza física que guarda grandes semelhanças com o momento linear, tanto em sua compreensão física como na estruturação matemática que o define. Podemos dizer, portanto, que o momento angular é o correspondente angular do momento linear. Também podemos conceituar o momento angular como a quantidade de movimento rotacional associada a um sistema físico.

Para essa perspectiva, o sistema físico pode ser uma partícula independente (massa pontual), um conjunto de partículas ou, ainda, um corpo rígido. Nesse sentido, o momento angular, que desde já vamos associar às letras L ou l, necessita de três quantidades físicas para ser completamente estabelecido, a saber:

1. massa m ou o momento de inércia I associado a um objeto;
2. velocidade linear v ou angular ω desse objeto ao redor de um eixo particular de rotação;
3. distância perpendicular $r\perp$ do objeto em relação ao eixo particular de rotação.

Comparativamente ao momento linear, apenas a última quantidade não é requerida por este para a sua definição. Desse modo, a escolha do eixo de rotação é uma das particularidades que fazem do momento angular uma grandeza física distinta. Perceba que a definição do momento angular associada à grandeza $r\perp$, no item 3, abre margem para duas possibilidades:

1. um objeto se movendo em uma linha reta pode ser dotado de momento angular, desde que a escolha do eixo de rotação seja conveniente;

2. um objeto pode ter momento angular em relação a um eixo, mas não apresentar momento angular em relação a outro eixo.

∑ *Preste atenção!*

Em geral, utiliza-se L, em caixa alta, para designar o momento angular total de um sistema em particular ou um corpo rígido. Para todos os efeitos, um corpo rígido é um sistema constituído por um grande número de partículas ou, ainda, um contínuo de partículas. Já l, em caixa baixa, é empregado em referência ao momento angular de partículas independentes. Em um sistema formado por partículas discretas, é possível calcular o momento angular total L do sistema e o momento angular individual l de cada partícula.

Outro aspecto do momento angular que o difere do momento linear é sua classificação. O momento angular pode ser classificado em momento angular orbital e momento angular de *spin*. O planeta Terra apresenta esses dois tipos de momento angular. O momento angular orbital se refere à órbita da Terra ao redor do Sol, ao passo que o momento angular de *spin* concerne à rotação da Terra em seu próprio eixo.

Preste atenção!

A classificação de momento angular orbital e momento angular de *spin* também é utilizada na mecânica quântica, em que elétrons e prótons, por exemplo, apresentam momento angular intrínseco de *spin* e, sob certas circunstâncias, momento angular orbital. No domínio quântico, o momento angular desempenha um papel de grande relevância, haja vista sua quantização – o momento angular não pode assumir qualquer valor, apenas os discretos. Assim, essa grandeza na mecânica quântica assume a seguinte forma matemática (Halliday; Resnick; Walker, 1996):

$$l = s\frac{h}{2\pi}$$

Em que *s*, denominado *número quântico de spin*, só pode assumir valores inteiros, semi-inteiros ou zero, e $h = 6,63 \cdot 10^{-23}$ J $\cdot$ s é uma constante, conhecida como *constante de Planck*. A exemplo do momento angular *l*, a massa *m*, a carga elétrica *q* e a energia *e* também são grandezas físicas quantizadas.

Soma-se às demais características do momento angular a sua natureza vetorial. Nesse aspecto, o momento angular também é similar ao momento linear, mas difere deste com relação à orientação vetorial. O vetor momento linear tem a mesma direção e o mesmo sentido do movimento do objeto que está sendo associado, visto que é definido em termos do produto da massa pela velocidade do objeto. Sendo a massa uma grandeza física de natureza escalar, ela não é capaz de alterar a orientação do vetor velocidade, o qual fornece a orientação para o vetor momento linear.

Já o momento angular de um corpo, como veremos mais adiante em detalhes, é concebido como o produto entre a distância perpendicular ao eixo de rotação, $r\perp$, pelo momento linear p associado ao corpo.

Assim, tem-se um produto entre duas quantidades vetoriais com orientações distintas. Dado o produto entre os vetores $r\perp$ e p, a direção assumida pelo momento angular será axial, isto é, ao longo do eixo de referência escolhido. No entanto, como um eixo tem dois sentidos, é necessário especificar qual é o positivo e qual é o negativo.

Figura 1.7 – Corpo de massa m e momento linear p rotacionando no plano xy ao redor do eixo z, com velocidade angular ω, a uma distância perpendicular $r\perp = r$ do eixo z

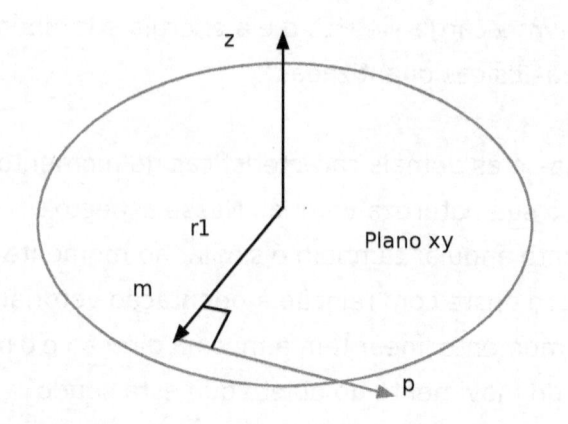

Fonte: Elaborado com base em Bauer; Westfall; Dias, 2013.

No caso de o movimento executado por um corpo ser circular e ocorrer no plano *xy*, uma escolha conveniente para o eixo de rotação é uma linha perpendicular ao plano do movimento passando pelo centro do círculo, eixo *z*, portanto. Nesse caso particular, o momento angular terá a direção do eixo *z*, sentido positivo se o movimento for anti-horário e negativo se for horário, como representado pela regra da mão direita. Por essa regra, a direção do momento angular de *spin* da Terra é aquela através do eixo que passa pelos polos norte e sul geográficos. O sentido positivo é aquele que aponta para a Estrela Polar (do norte). Por ser uma grandeza vetorial, o momento angular obedece às regras de soma vetorial.

Assim, para um sistema de partículas, por exemplo, o momento angular total dele será a soma vetorial dos momentos angulares individuais de cada uma das partículas que o compõem, sempre com relação ao mesmo eixo de rotação, ou à mesma origem. A última característica associada ao momento angular é a sua conservação.

Nesse aspecto, mais uma vez, há uma associação direta com o momento linear de um corpo. A conservação do momento linear ocorre sempre que o sistema for tido como isolado, ou seja, não houver forças externas atuando sobre o corpo. No caso do momento angular, essa característica também se faz presente sempre que o sistema for tido como isolado. Entretanto, no caso angular, a grandeza física que deve se manter nula para que o momento angular se conserve é o torque externo.

1.4.2 Definição do momento angular por equações

Neste ponto, vamos explanar as equações que definem o momento angular, associando-as às características descritas na primeira seção, de forma a solidificar sua compreensão acerca dessa grandeza física. Para efeitos didáticos, construiremos o arcabouço matemático/teórico do momento angular para o caso de uma partícula pontual.

Consideremos o caso de uma partícula de massa m e velocidade v executando um movimento em relação a uma origem O. Para essa partícula, vamos definir seu momento linear p como:

$$p = m \cdot v$$

O momento angular l referente a essa partícula pode ser definido pela seguinte equação:

$$L = r \times p = m \cdot (r \times v)$$

Em que r é o vetor posição que localiza a partícula quanto à origem do sistema. É importante notar que l é descrito em termos de um produto vetorial. Portanto, de forma geral, a equação anterior pode ser reescrita como (Shapiro; Peixoto, 2010):

$$l = r \times p =$$
$$= i(y \cdot pz - z \cdot py) + j(z \cdot px - x \cdot pz) + k(x \cdot py - y \cdot px)$$

Em que i, j e k são vetores unitários associados aos eixos x, y e z, respectivamente. Portanto, as componentes do vetor momento angular para essa partícula são tais que:

$$l = i \cdot lx + j \cdot ly + k \cdot lz$$

Em que $lx = y \cdot pz - z \cdot py$; $ly = z \cdot px - x \cdot pz$; $lz = x \cdot py - y \cdot px$.

Já seu módulo é dado por (Shapiro; Peixoto, 2010):

$$l = \sqrt{(lx^2 + ly^2 + lz^2)} = r \cdot p \cdot \text{sen}\,\theta$$

Em que θ é o ângulo entre o vetor posição *r* e o vetor momento linear *p* (ou vetor velocidade *v*). Essa equação pode, ainda, assumir a seguinte forma, segundo a conveniência (Halliday; Resnick; Walker, 1996):

$$l = r \cdot p \cdot \text{sen}\,\theta = r\bot \cdot p = r \cdot p\bot = r \cdot m \cdot v\bot$$

Em que $r\bot$ é a distância perpendicular de *O*, bem como um prolongamento do vetor *p*, e $p\bot(v\bot)$ é a componente do vetor momento linear (velocidade) perpendicular ao vetor *r*. No Sistema Internacional de Unidades (SIU), a unidade de medida do momento angular é tal que:

$$[l] = [r] \cdot [p] = [m] \cdot [kg \cdot m \cdot \frac{1}{s}] = [kg \cdot m^2 \cdot \frac{1}{s}]$$

Sendo equivalente a J · s (Joule vezes segundo). Perceba que, quando o ângulo entre os vetores *r* e *p* for θ = 0° ou θ = 180°, a equação explicitará, obrigatoriamente, que a partícula não possui momento angular em torno da origem. No entanto, pode ser que, em torno de outra origem, o momento angular seja não nulo. Assim, só há sentido em calcular o momento angular de uma partícula, ou corpo, caso seja especificada uma origem.

Ademais, a equação evidencia que a direção do vetor momento angular será sempre perpendicular ao plano formado pelos vetores *r* e *p*, independentemente de qual plano for esse. Observe a figura a seguir, que exibe dois momentos com eixos de rotação perpendiculares ao plano da página.

Figura 1.8 – (a) Momento angular não nulo em torno de *O*; (b) momento angular nulo em torno de *O*

Torque (momento)
Torque é igual à força vezes distância

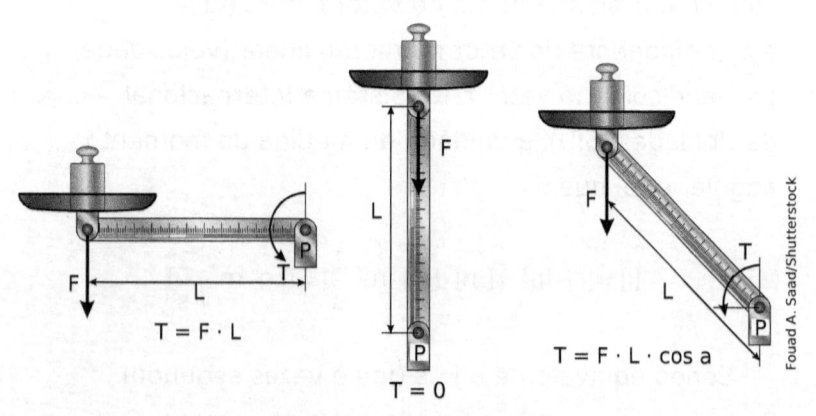

$T = F \cdot L$

$T = 0$

$T = F \cdot L \cdot \cos a$

Fouad A. Saad/Shutterstock

Exercício resolvido

Considere uma partícula pontual de massa m = 1 kg – como na Figura 1.9, na qual se pode ver a distância do ponto A, juntamente com o diagrama das coordenadas de vetores unitários *i* e *j*, movendo-se em uma trajetória retilínea, com velocidade v = 30 m/s. Qual é o módulo do momento angular associado a essa partícula em relação aos pontos A e B?

Figura 1.9 – Diagrama da partícula

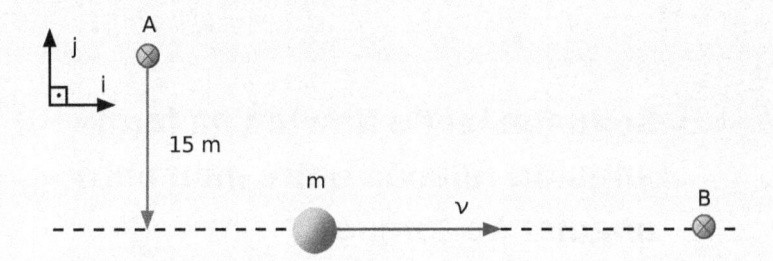

a) $l_a = 450 \, kg \cdot m^2 \cdot \frac{1}{s} k$ e $l_b = 0 \, kg \cdot m^2 \cdot \frac{1}{s}$.

b) $l_a = 150 \, kg \cdot m^2 \cdot \frac{1}{s} k$ e $l_b = 10 \, kg \cdot m^2 \cdot \frac{1}{s}$.

c) $l_a = 0 \, kg \cdot m^2 \cdot \frac{1}{s} k$ e $l_b = 0 \, kg \cdot m^2 \cdot \frac{1}{s}$.

d) $l_a = 40 \, kg \cdot m^2 \cdot \frac{1}{s} k$ e $l_b = 0 \, kg \cdot m^2 \cdot \frac{1}{s}$.

e) $l_b = 450 \, kg \cdot m^2 \cdot \frac{1}{s} k$ e $l_a = 0 \, kg \cdot m^2 \cdot \frac{1}{s}$.

A resposta correta, considerando-se o que foi versado no capítulo, é a **alternativa A**.

a) momento angular em torno do ponto A:

$$l = m \cdot (r \cdot v)$$
$$l = 1 \cdot [15(-j) \cdot 30(i)] = -450(j \cdot i)$$
$$l = 450 \, kg \cdot m^2 \cdot \frac{1}{s} k$$

b) momento angular em torno do ponto B:

$$l = m \cdot (r \cdot v)$$
$$l = 1 \cdot [0(j) \cdot 30(i)]$$
$$l = 0 \, kg \cdot m^2 \cdot \frac{1}{s} k$$

Como $r\perp = 0 \Rightarrow l = 0 \, kg \cdot m^2 \cdot s^{-1}$.

1.4.3 Segunda lei de Newton na forma angular: relação entre momento angular *l* e torque τ

Uma vez que definimos, conceitual e matematicamente, o momento angular *l* de uma partícula se deslocando em torno de certa origem O, podemos explorar alguns aspectos dessa definição. Vejamos, por exemplo, qual consequência advém da variação temporal do momento angular dessa partícula. Se o momento linear *p* de uma partícula variar temporalmente, tem-se como efeito a definição da segunda lei de Newton, tal que:

$$\frac{dp}{dt} = \frac{mdv}{dt} = m \cdot a = \sum F = \frac{dp}{dt}$$

Assim, a variação temporal do momento linear guarda estreita relação com a força resultante aplicada sobre uma partícula. Podemos questionar, portanto, qual relação obteremos caso o vetor momento angular *l* apresente variação no tempo.

$$\frac{dl}{dt} = \frac{d}{dt}(r \cdot p) = m\frac{d}{dt}(r \cdot v) = m\left(r \cdot \frac{dv}{dt} + \frac{dr}{dt} \cdot v\right)$$

$$\frac{dl}{dt} = m(r \cdot a + v \cdot v) = r \cdot m \cdot a = r \cdot F \therefore \sum \tau = \frac{dl}{dt}$$

Assim, a variação temporal do momento angular está diretamente atrelada ao torque resultante aplicado sobre uma partícula. A equação abaixo é, precisamente, a definição da segunda lei de Newton na forma angular. No primeiro termo da equação acima, aplicou-se a regra do produto para derivadas, haja vista que r = r(t) e v = v(t). Já na outra equação, o termo v · v = 0, pois são dois vetores paralelos entre si e, por consequência, seus produtos vetoriais são nulos. A resposta da equação anterior já era, de certa forma, esperada, em razão da simetria entre os momentos linear e angular. Logo, tal equação é equivalente à do momento angular.

Exercício resolvido

Considere um disco cujo momento de inércia é $I = 2 \cdot 10^{-3}$ kg $\cdot$ m² e que está preso a um dispositivo girando com velocidade angular de $\omega = 500$ rad/s, como mostra a Figura 1.10. Calcule, com o maior detalhamento possível, o vetor momento angular desse disco considerando as grandezas físicas colocadas no exercício.

Figura 1.10 – Representação do disco

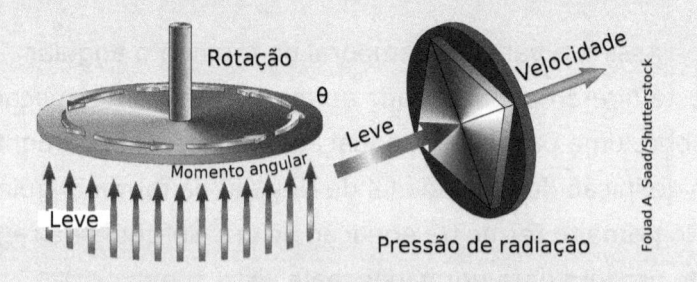

a) Com a equação do momento angular, encontra-se o resultado $I = 1$ kg $\cdot$ m² $\cdot \dfrac{1}{s}$k.

b) Com a equação do momento angular, encontra-se o resultado $I = 2$ kg $\cdot$ m² $\cdot \dfrac{1}{s}$k.

c) Com a multiplicação do momento de inércia relacionado com a aceleração do momento linear, encontra-se o resultado $I = 10$ kg $\cdot$ m² $\cdot \dfrac{1}{s}$k.

d) Com a multiplicação do momento de inércia relacionado com a aceleração do momento linear, encontra-se o resultado $L = 1$ kg $\cdot$ m² $\cdot \dfrac{1}{s}$k.

e) Com a equação do momento angular, encontra-se o resultado $l = 30 \text{ kg} \cdot m^2 \cdot \frac{1}{s} k$.

A resposta correta, considerando-se o que foi versado no capítulo, é a **alternativa D**.

O cálculo do momento linear é, portanto, dado pela relação:

$$L = l \cdot \omega$$

$$L = 2 \cdot 10 - 3 \cdot 500$$

$$L = 1 \text{kg} \cdot m^2 \cdot \frac{1}{s} k$$

1.4.4 Casos particulares do momento angular

Na seção anterior, vimos a definição do momento angular no caso de uma massa pontual. Agora, enfocaremos como o momento angular é definido para um sistema de partículas discretas e para um corpo rígido.

Momento angular de um sistema de partículas discretas

Consideremos não uma massa pontual com momento linear p movimentando-se em relação a determinada origem O, mas um conjunto discreto de n-partículas, cada uma dotada de certo momento linear em relação à mesma origem O. Assim, para a n-ésima partícula, o momento linear p pode ser definido como:

$$p_n = m_n \cdot v_n$$

Em que *mn* e *v* são, respectivamente, a massa e a velocidade da n-ésima partícula. Podemos definir, também, para a n-ésima partícula, um momento angular l em relação à origem O, dado por:

$$l_n = r \cdot p = mn \cdot (r)$$

Em que *mn*, *r* e *v* são, nessa ordem, a massa, o vetor posição e a velocidade da n-ésima partícula. Como há um conjunto de partículas, pode-se precisar o momento angular total *L* quanto ao sistema, e não mais em relação a uma partícula individual. Assim, o momento angular total *L* do sistema será definido como a soma vetorial dos momentos angulares individuais das n-partículas que o integram:

$$L = l_1 + l_2 + l_3 + \ldots + l_n = \sum_{i=1}^{n} l_i$$

Para cada *l*, aplicam-se as relações definidas anteriormente. O módulo de *L*, por sua vez, pode ser calculado mediante a relação:

$$L = \sum_{i=1}^{n} l_i = \sum_{i=1}^{n} r_i p_i \cdot \operatorname{sen}\theta_i = \sum_{i=1}^{n} r_{-,i} \cdot m_i \cdot v_i$$

Em que i = 1, 2, 3, ..., n discrimina cada uma das n-partículas. Se houver variação temporal do momento angular da n-ésima partícula, então será possível definir igualmente a variação temporal de L à semelhança das equações do vetor do momento linear, tal que:

$$\frac{dL}{dt} = \sum_{i=1}^{n} d\frac{l_i}{dt}$$

$$\sum \tau_{ext} = \frac{dL}{dt}$$

Nota-se que a referida equação remete à segunda lei de Newton para um sistema de partículas, expressa em termos de grandezas angulares.

$$\sum F_{ext} = \frac{dp}{dt}$$

A equação anterior é similar à segunda lei de Newton, sendo P o momento linear total do sistema de partículas.

Momento angular de um corpo rígido

Vejamos, agora, o momento angular para um corpo rígido rotacionando ao redor de um eixo fixo.

Um corpo rígido pode ser entendido como um sistema composto por uma grande quantidade de partículas que ocupam posições fixas em relação a uma origem.

Diferentemente de um sistema de partículas, quando o corpo rígido rotaciona em torno de um eixo particular, todas as partículas que o constituem giram com a mesma velocidade angular ω à volta do eixo de rotação.

Portanto, toda demonstração matemática feita para o sistema de partículas aplica-se ao corpo rígido. Devido ao fato de as velocidades angulares das partículas serem iguais, pode-se estabelecer a seguinte relação para a n-ésima partícula:

$$v_n = \omega \cdot r_n$$

Assim, o momento angular de um corpo rígido pode ser determinado pela relação empregada para o módulo de L:

$$L = \sum_{i=1}^{n} r_{\neg i} m_i v_i = \sum_{i=1}^{n} r_{\neg i} m_i \omega r_{\neg i} = \omega \sum_{i=1}^{n} m_i r_{\neg i}^2$$

Nessa equação, a quantidade *I* é escrita como:

$$I = \sum_{i=1}^{n} m_i r_{\neg i}^{\,2}$$

Ela é conhecida como *momento de inércia de um corpo* e configura uma grandeza associada à forma como a massa encontra-se distribuída ao redor do eixo de rotação. Se o corpo for formado por um contínuo de partículas, então essa equação poderá ser assim reescrita (Chaves; Sampaio, 2007):

$$I \equiv \int r_{\neg i} dm$$

Além disso, é possível refazê-la como:

$$L = I \cdot \omega$$

Sendo a direção de L sempre paralela ao eixo de rotação, e seu sentido dado pela regra da mão direita. Podemos fazer uma analogia com a última equação:

$$P = M \cdot v_{cm}$$

Em que P é o momento linear de um sistema de partículas, M é a massa total do sistema e v é a velocidade do centro de massa do sistema.

Exercício resolvido

Duas partículas A e B estão se movendo conforme o diagrama a seguir, que indica velocidade e massa desses componentes, assim como a distância deles quanto ao ponto de origem. Qual é o momento angular total para esse sistema em relação à origem O?

Figura 1.11 – Representação das partículas

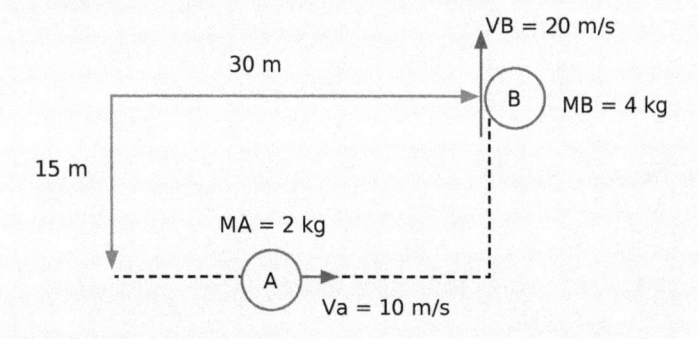

a) $L = 8700 \ kg\dfrac{m^2 1}{s} \cdot k$

b) $L = 7700 \ kg\dfrac{m^2 1}{s} \cdot k.$

c) $L = 4700 \ kg\dfrac{m^2 1}{s} \cdot k.$

d) $L = 5700 \ kg\dfrac{m^2 1}{s} \cdot k$.

e) $L = 2700 \ kg\dfrac{m^2 1}{s} \cdot k$.

A resposta correta, considerando-se o que foi versado no capítulo, é a **alternativa E**.

Calcula-se o momento angular com a equação:

$$L = \sum_{i=1}^{n=2} li = l1 + l2 = m_a(ra \cdot va) + m_b(rb \cdot vb)$$

$$L = 2 \cdot \left[15 \cdot (-j) \cdot 10 \cdot (i)\right] + 4\left[30 \cdot (i) \cdot 20(j)\right] =$$

$$= -300 \cdot (j \cdot i) + 2400 \cdot (i \cdot j) = 2700 kg\dfrac{m^2 1}{s} \cdot k$$

Ondas sonoras

2

Conteúdos do capítulo:

- Componentes do som.
- Propriedades do som.
- Velocidade do som.
- Natureza do som em diferentes fontes.
- Ondas e seus tipos.

Após o estudo deste capítulo, você será capaz de:

1. conceituar som e ondas;
2. diferenciar os conceitos de velocidade do som, frequência e comprimento de onda;
3. descrever as equações matemáticas que regem a acústica;
4. indicar aplicações práticas de ondas sonoras.

Neste capítulo, enfocaremos um dos movimentos oscilatórios mais estudados no campo da ciência: as ondas sonoras. Ainda, definiremos *som* e descreveremos seus cálculos e suas possíveis aplicações. Nessa direção, o estudo do som é aplicado à acústica, por exemplo, quando se deseja suprimir algum ruído ou aumentar o conforto sonoro de um carro em movimento.

2.1 O som e seus principais componentes

Antes de abordar tópicos mais específicos sobre o som, é preciso responder um questionamento básico: O que é *som*?

Existem algumas maneiras de estudar cientificamente os fenômenos sonoros. Devido à sua natureza, o som apresenta basicamente duas disciplinas, ou áreas, intimamente atreladas: a **acústica física** e a **psicoacústica**. A primeira é um ramo da física que investiga o fenômeno sonoro, ao passo que a segunda é uma subárea da psicofísica que examina a relação entre o fenômeno sonoro e a percepção sonora, isto é, como o som é percebido pelos sentidos.

Dessa forma, o som, como um fenômeno físico, é uma propagação na forma de ondas elásticas de oscilações mecânicas em um meio sólido, líquido ou gasoso. Essas oscilações podem gerar uma pressão nas moléculas, as quais, por meio da colisão sucessiva entre si, transmitem energia na forma das chamadas *ondas sonoras*.

Na perspectiva da psicoacústica, as ondas sonoras são tratadas como uma sensação experienciada pelo órgão auditivo humano. No entanto, a existência desse fenômeno independe do sistema auditivo, o qual atua apenas como receptor das ondas. A natureza física das ondas sonoras é sempre oscilatória e decorrente da vibração de qualquer corpo material. Além disso, a onda apresenta um movimento harmônico e sua variação é uma repetição cíclica composta por um ponto de equilíbrio (repouso), um valor máximo positivo e outro negativo (Gráfico 2.1). Denomina-se *ciclo completo* a ida e volta entre esses três elementos (Valle, 2009).

Gráfico 2.1 – Representação gráfica de uma onda

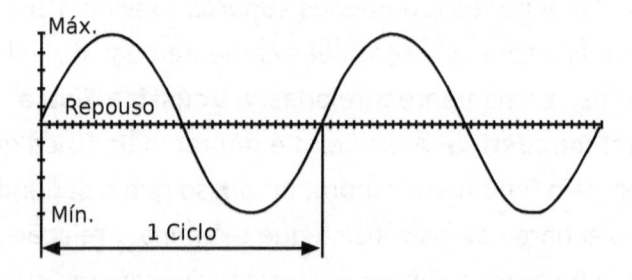

Fonte: Valle, 2009, p. 9.

A natureza do som pode ser periódica, a exemplo de sons musicais ou ruídos. Para Gerges (2000), os sons são apenas vibrações, de modo que não há diferença física entre um som agradável e um ruído. Logo, o ruído pode ser considerado um tipo de som, mas um som pode não configurar, necessariamente, um ruído. Conforme Dreossi e Momensohn-Santos (2003, p. 252), "sob o ponto de vista psicoacústico, o ruído seria uma sensação desagradável desencadeada pela recepção da energia acústica". Em outras palavras, é qualquer som desagradável ou indesejado por um indivíduo. No entanto, segundo Lundquist et al. (2003), sua percepção pode ser considerada subjetiva, uma vez que depende de uma série de fatores, como a magnitude, a duração e a altura de transmissão do som.

Portanto, um ruído ou um não ruído depende de como cada indivíduo deseja ouvir determinado som. A chamada *intenção do ouvinte* (ou *percepção do ouvinte*) é um campo de estudo da fisiologia dos organismos desde o século XVIII, quando o cientista William James concluiu, após um experimento, que o cérebro decodifica as informações recebidas de acordo com as reações fisiológicas, que são influenciadas pelas emoções humanas (James, 1884).

Para o autor, às alterações fisiológicas segue-se "diretamente a percepção do fato desencadeante, e que a nossa sensação de que as mesmas alterações ocorrem é a emoção" (James, 1884, p. 188-189). Essa perspectiva sobre a influência das emoções é corroborada por Lisboa (2008, p. 136), ao apontar que "a estrutura é determinante na percepção das emoções que uma peça pode transmitir, porém as diferenças de percepção dos ouvintes em alguns trechos, aliadas às diferenças interpretativas notadas, sugerem que mesmo que em menor intensidade, o intérprete influencia na percepção do ouvinte".

Assim, um som pode ser tido como ruído ou não ruído de acordo com a interpretação de cada indivíduo, pois o cérebro se concentra no que este deseja ouvir. Por exemplo, em uma situação barulhenta, como um *show*, é possível enfocar a voz de uma pessoa para reduzir os ruídos do ambiente.

Imaginemos o seguinte cenário: um sujeito ouve música em um ambiente tranquilo quando alguém chega ao local e começa a falar. Qual som poderia configurar um ruído: o da música ou a voz do indivíduo? A resposta depende de qual som é desejado pelo receptor. Se a pessoa concentra-se na voz do interlocutor recém-chegado, a música torna-se barulho e dificulta o diálogo. No entanto, se a pessoa foca a música, a voz do interlocutor atrapalha a percepção e converte-se em barulho.

Lembre-se de que, independentemente da fonte, os sons são considerados fenômenos físicos em razão de suas vibrações sonoras, de modo que o cérebro pode interpretar ambos os sons (música e fala) e determinar quais vibrações deseja captar (Bear; Connors; Paradiso, 2002).

> **Preste atenção!**

A Norma Ténica ISO 1996: *Acoustics – Description, Measurement and Assessment of Environmental Noise* (Acústica – descrição e medição do ruído ambiental), da International Organization for Standardization (ISO), cuja primeira implementação ocorreu em 1982, denominada *Part 1: Basic Quantities and Assessment Procedures* (Quantidades e procedimentos básicos), estabelece que o ruído de um ambiente depende do contexto acústico no momento da medição (ISO, 2016).

Em 2017, a parte 1 dessa norma foi revisada e editada, assim como complementada pela parte 2, designada *Part 2: Determination of Sound Pressure Levels* (determinação dos níveis de pressão sonora).

Atualmente, esse instrumento classifica *ruído* da seguinte maneira (ISO, 2017):

- **Ambiental**: Ruído proveniente de qualquer fonte sonora que esteja situada próxima ou distante da medição sonora (por exemplo, meios de transporte, produções industriais, pássaros, obras urbanas e *shows*).
- **Específico**: Ruído sob investigação, podendo ser identificado e atribuído a uma fonte específica.
- **Residual**: Sons e ruídos do ambiente sem a presença do ruído sob investigação (ruído específico) – quando determinada fonte sonora é isolada para medição e análise.

- **Inicial**: Ruído de um ambiente sem a interferência de determinada fonte sonora (por exemplo, as mudanças provocadas pela implementação de ruas, indústrias ou estabelecimentos comerciais).

Segundo Fernandes (2002, p. 85), "o som é uma vibração, um movimento periódico, que segue um padrão temporal. E ele tem uma frequência, medida em hertz". De acordo com Fonseca (2012, p. 1), essas variações na pressão do ar "conseguem ser captadas pelo ouvido" e "variam entre 20 e 20.000 Hz, ou seja, entre 20 e 20.000 vezes por segundo".

Para exemplificar, o autor menciona que o movimento de uma das mãos no sentido horizontal ou vertical pode provocar variações na pressão do ar; porém, o sistema auditivo não as capta, uma vez que são inferiores a 20 vezes por segundo (Fonseca, 2012).

Observe que ambos os estudiosos fazem alusão à frequência, que é uma das propriedades físicas de um corpo em vibração. Além dela, a intensidade, o timbre e a altura são propriedades igualmente importantes, sendo denominadas *parâmetros do som*, os quais:

> possuem uma métrica que torna possível "medir" a atuação daquelas propriedades no evento sonoro. Por exemplo, a frequência pode ser medida em hertz (Hz), a intensidade em decibel (dB) e a duração em segundo (s) [...]. Para o caso do timbre surge, aparentemente, uma certa dificuldade em elaborar uma

organização similar. (Oliveira; Goldemberg; Manzolli, 2008, p. 478)

A frequência indica o número de oscilações durante um período de tempo igual a um segundo e é representada pela unidade de medida Hertz – uma homenagem ao físico Heinrich Rudolf Hertz, responsável pela descoberta das ondas eletromagnéticas. Dessa maneira, a expressão 50 Hz representa um ciclo completo de 50 oscilações em um segundo. Nesse sentido, se a pressão atmosférica varia 150 vezes por segundo, essa variação é igual a 150 Hz (Valle, 2009); assim como 500 ciclos por segundo correspondem a 500 Hz ou 0,5 kilohertz (kHz).

Então, há uma relação matemática entre a frequência (f) e o período de tempo (T) de uma onda, que é dada por:

$$f = \frac{1}{T}$$

As alterações na pressão atmosférica sob a forma de ondas condicionam a definição física de som. Existe uma faixa de frequência (Gráfico 2.2) que o sistema auditivo é capaz de captar, a qual compreende sons graves e agudos de intensidade distinta (fraca ou forte).

Sons fora da faixa entre 20 Hz (frequência mais grave) e 20 000 Hz (frequência mais aguda) até chegam aos ouvidos humanos, mas não são percebidos. O som acima da faixa auditiva humana é chamado de *ultrassom*, ao passo que o som abaixo dela é denominado *infrassom*. Algumas espécies de animais conseguem captar ultra e infrassons. Por exemplo, os morcegos e os golfinhos utilizam esse intervalo de frequências audíveis para a orientação no espaço.

Gráfico 2.2 – Intervalo de frequências audíveis (Hz)

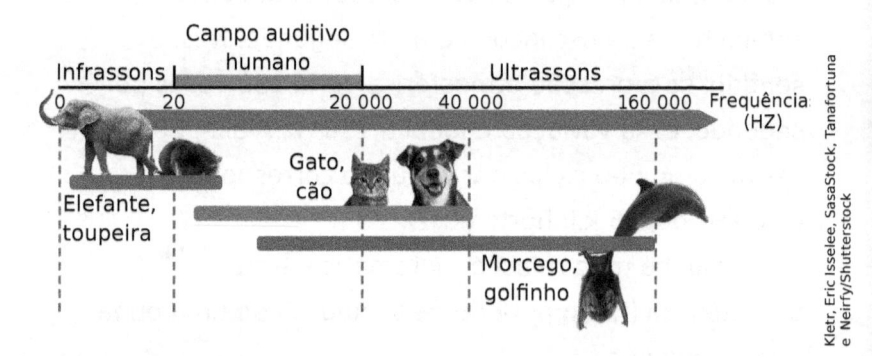

Infrassons | Campo auditivo humano | Ultrassons
0 — 20 — 20 000 — 40 000 — 160 000 — Frequência (HZ)

Elefante, toupeira
Gato, cão
Morcego, golfinho

Kletr, Eric Isselee, SasaStock, Tanafortuna e Neirfy/Shutterstock

Fonte: Blatrix, 2018.

Diante disso, qual é a relação entre a frequência e a música? Basicamente, certa frequência representa uma nota musical, ou seja, em um piano, cada tecla simboliza uma frequência fundamental.

De acordo com Fonseca (2012, p. 4), "qualquer pessoa consegue identificar 4 características de um som: timbre, intensidade, altura e duração. Estas características têm uma correspondência mais ou menos direta com determinadas propriedades físicas do som".

A **intensidade** é uma grandeza que determina diretamente o volume do som, que é definido pela quantidade de energia (ou fluxo) transportada pela onda sonora. Segundo Halliday, Resnick e Walker (2012, p. 159), "a intensidade de uma onda sonora em uma superfície é a taxa média por unidade de área com a qual a energia contida na onda atravessa a superfície ou é absorvida pela superfície". O sistema auditivo humano consegue captar uma gama de frequência muito ampla, e "a audição é possivelmente o sentido humano com maior amplitude: consegue detectar variações de pressão entre 0,00002 Pa (limiar da audição) e 200 Pa (limiar da dor), ou seja, uma diferença de 10.000.000 vezes entre o som mais fraco e o mais forte" (Fonseca, 2012, p. 2).

No entanto, a percepção da intensidade sonora pelo sistema auditivo humano é heterogênea, isto é, não é igual para qualquer frequência no espectro. Como os sons variam muito em intensidade, optou-se por considerá-la um valor logaritmo medido em decibéis (ou dB, uma unidade de medida que recebeu essa nomenclatura em homenagem ao cientista Alexander Graham Bell).

Assim, o limiar da audição humana é de 0 dB, o qual, quando superior a 120 dB, é chamado de *limiar da dor*. Contudo, como ressalta Alvarenga (2017), os decibéis não medem diretamente a intensidade do som, uma vez que sua atribuição é comparar a pressão sonora com um nível de referência. Atualmente, a nomenclatura correta é *nível de intensidade sonora* (NIS), em vez de apenas *intensidade sonora*.

Gráfico 2.3 – Intensidade dos sons audíveis humanos (dB)

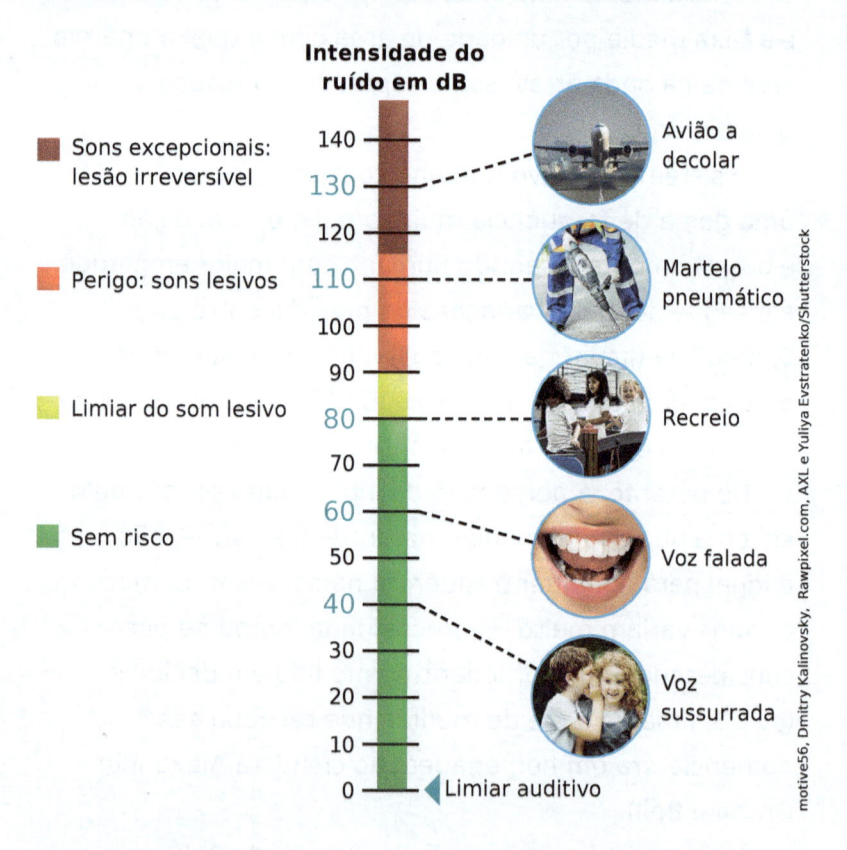

	Intensidade do ruído em dB	
■ Sons excepcionais: lesão irreversível	140 / 130 / 120	Avião a decolar
■ Perigo: sons lesivos	110 / 100 / 90	Martelo pneumático
■ Limiar do som lesivo	80 / 70	Recreio
■ Sem risco	60 / 50 / 40	Voz falada
	30 / 20 / 10 / 0 ◀ Limiar auditivo	Voz sussurrada

motive56, Dmitry Kalinovsky, Rawpixel.com, AXL e Yuliya Evstratenko/Shutterstock

Fonte: Blatrix, 2018.

Para uma maior compreensão do significado de *intensidade sonora*, imagine um local tranquilo, como uma floresta. Dependendo do ambiente, é possível ouvir a própria pulsação arterial, o cair de uma folha no chão, o bater das asas de um pássaro. Já em uma cidade movimentada, o som do trânsito pode impedir até mesmo a interpretação da fala de uma pessoa próxima ao ouvinte.

De maneira geral, a intensidade do som depende das oscilações das partículas (amplitude), que, por sua vez, causam variações de pressão no sistema auditivo humano (tímpano). Logo, a intensidade sonora está relacionada à energia com que a fonte vibra.

Nos seres humanos, a percepção é um processo complexo de tradução, interpretação e organização de estímulos sensoriais em experiências distintas. Trata-se de um componente imprescindível para a interpretação do mundo à volta, sendo entendido como a consciência de algo. Então, os elementos audiovisuais em um jogo são, sem dúvida, fundamentais para a experiência do usuário.

Para saber mais

Para escutar diferentes timbres com a onda quadrada em um sintetizador Spire, assista ao vídeo:

TIMBRES famosos com a onda quadrada: síntese em áudio. **Vinheteiro**, 12 maio 2015. 5 min. Disponível em: <https://www.youtube.com/watch?v=2h9e_03POPc>. Acesso em: 7 jun. 2021.

Se os sons são categorizados em graves, médios e agudos e seu volume pode ser definido pela amplitude das vibrações sonoras, como diferenciar sons de mesma frequência? Basicamente, é possível fazê-lo considerando-se a qualidade do som, o chamado *timbre*.

Grosso modo, **timbre** é uma qualidade peculiar do som, como a característica de cada voz ou instrumento musical, associada a propriedades específicas de uma fonte sonora. Com isso, pode-se distinguir o som de uma guitarra do som de um violino, o que diz respeito "essencialmente à forma como a pressão do ar varia, ou seja, à forma da onda produzida" (Fonseca, 2012, p. 4).

Com base no exposto, como determinar o timbre de uma fonte sonora? Uma vez que a característica do timbre é subjetiva, o que denota uma experiência mais sensorial, constata-se que praticamente qualquer fonte sonora realiza vibrações complexas não sinusoidais. Uma oscilação não sinusoidal é um conjunto de oscilações harmônicas de diferentes frequências. Em frequências mais baixas, elas recebem a designação *tons fundamentais*, enquanto nas mais elevadas são chamadas de *harmônicas*.

Na prática, o timbre (também conhecido como *tom de cor*) é uma característica sonora que permite a um indivíduo discernir dois sons idênticos, ainda que estejam no mesmo volume e suas fontes sejam diferentes instrumentos musicais. Além disso, ele possibilita reconhecer particularidades das vozes humanas, mesmo quando cantam dada nota musical.

A Figura 2.1 apresenta distintos timbres para as formas de onda de alguns instrumentos e voz.

Figura 2.1 – Formas de onda de instrumentos e voz para diferentes timbres

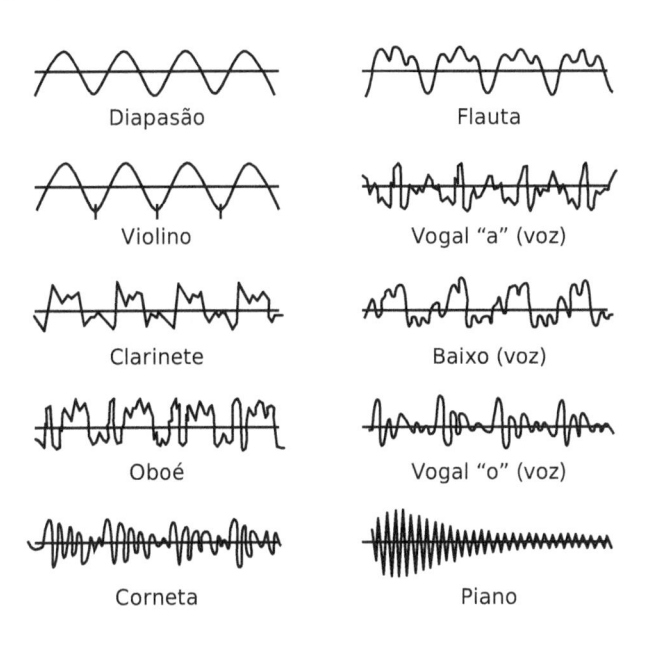

Diapasão

Flauta

Violino

Vogal "a" (voz)

Clarinete

Baixo (voz)

Oboé

Vogal "o" (voz)

Corneta

Piano

Fonte: Davidovits, 2013, p. 165, tradução nossa.

No âmbito dos *videogames*, a principal atribuição do *designer* de som extrapola os elementos de um ambiente sonoro que sustente a jogabilidade. De fato, verifica-se que o conceito de som, quando aplicado àquelas produções, tem por objetivo transmitir a emoção necessária para os espaços diegético e não diegético do jogo.

Em síntese, a consciência dos elementos sonoros surge devido às ações do jogador em determinado evento – como um tema musical ou a transição de uma música silenciosa para um som dramático antes de uma batalha –, bem como à capacidade de interpretação subjetiva.

Dessa forma, o estudo da subjetividade enfoca aspectos puramente funcionais dos elementos que caracterizam o som. Nessa direção, Peerdeman (2010, p. 2, tradução nossa) afirma que "o som é um grande estímulo sensorial para a consciência do jogador e até o subconsciente, afetando os processos mentais sem que o jogador perceba".

O termo *envelope* descreve o comportamento de um som com base em um parâmetro de tempo. Em outras palavras, o som muda com a passagem do tempo, embora a explicação para isso, muitas vezes, esteja relacionada a seus componentes, como amplitude, frequência ou intensidade.

Todos os sons do ambiente de um jogo dependem de um gatilho ativado por esse espaço ou pelas ações do jogador. Após acionado, o som se propaga quase que imediatamente e, de acordo com o contexto, tem seu volume gradualmente reduzido até o estado original.

Para compreender o aspecto dinâmico do som, é possível recorrer ao gerador de envelope *attack*, *decay*, *sustain* e *release* (ADSR). Segundo Ferreira (2018, p. 25), esse envelope "é um componente que define o movimento da onda no tempo a partir de quatro parâmetros básicos, [...] ataque, decaimento, sustentação e repouso", os quais elencamos na figura adiante.

Figura 2.2 – Diagrama esquemático do gerador de envelope ADSR

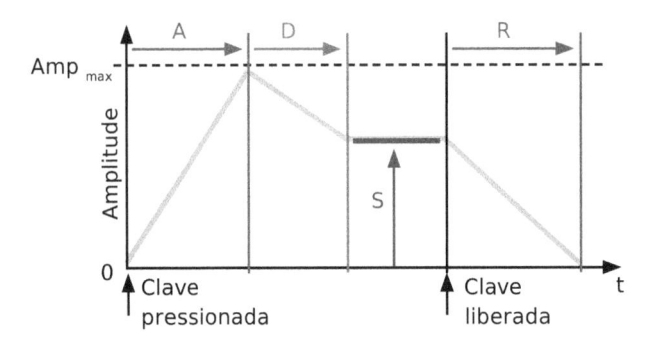

2.1.1 Ataque

Após um sinal ser acionado, o parâmetro *ataque* descreve a duração necessária para que o sinal alcance o auge de sua amplitude. Além disso, ele concerne à velocidade com que a nota atinge seu pico, em que um som mais nítido é decorrente de um ataque mais rápido, na medida em que um tempo mais longo indica que um som desaparecerá gradativamente.

2.1.2 Decaimento

Assim como o *ataque*, o parâmetro *decaimento* está relacionado com a duração do som, pois descreve o tempo que um sinal leva para reduzir progressivamente sua amplitude. O estágio de decaimento tem início quando o parâmetro *ataque* atinge seu ponto mais alto e, em seguida, o sinal cai progressivamente, até atingir o nível de sustentação.

2.1.3 Sustentação

Único parâmetro que não está diretamente vinculado ao tempo de um sinal, mas ao nível de volume normal da amplitude em que um som permanece até que um evento ocorra (por exemplo, a liberação de uma tecla no piano).

2.1.4 Lançamento

O parâmetro *lançamento* refere-se ao comportamento de uma intensidade sonora que diminui gradualmente até o estado original. Ele determina o tempo necessário para que o som desapareça completamente do estágio de sustentação.

Atualmente, observa-se que a produção audiovisual converge na união entre o som como fenômeno físico e a estética, que compõe os elementos visuais como percepção subjetiva. Nesse contexto, o som perde sua identidade individual e, assim, o audiovisual se transforma em um fenômeno estético, que tem como premissa a experiência do jogador.

Todo o processo de comunicação entre o jogo e o jogador ocorre em nível sensorial, estando intimamente atrelado com a interpretação subjetiva de cada constituinte do jogo. Portanto, o audiovisual torna-se a base para os conceitos de presença, envolvimento e imersão – elementos que podem influenciar os processos de interação do jogador de diferentes maneiras.

Para Fonseca (2012), os elementos audiovisuais desempenham um papel ativo na produção criativa, pois são os pilares para o conceito de presença, que o autor define como "a sensação de estar lá". Na prática, os parâmetros sonoros estabelecem o ponto ideal entre uma experiência tediosa e o reconhecimento de uma inevitável situação de perigo.

2.2 Velocidade do som

O meio no qual se propaga o som varia consistentemente em sua velocidade, como é possível observar no Gráfico 2.4.

Gráfico 2.4 – Velocidade do som em diferentes meios

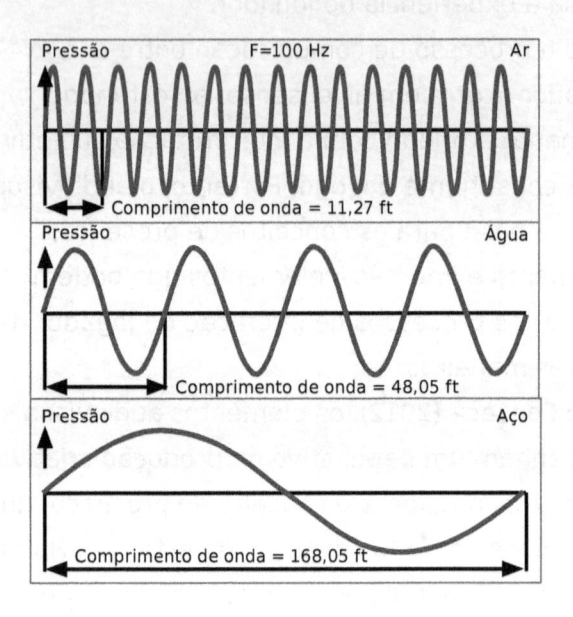

```
Pressão            F=100 Hz                    Ar
   /\/\/\/\/\/\/\/\/\/\/\/\/\/\/\/\
   <-> Comprimento de onda = 11,27 ft

Pressão                                        Água
   /\  /\  /\  /\  /\
   <----> Comprimento de onda = 48,05 ft

Pressão                                        Aço
      /‾‾‾\___
   <-----------> Comprimento de onda = 168,05 ft
```

Por se tratar de uma onda mecânica longitudinal, sua velocidade é condicionada pelas propriedades inerciais e elásticas do meio, promovendo uma troca entre as parcelas potenciais e cinéticas de energia e mantendo a conservação de energia mecânica (Jewett Jr.; Serway, 2011).

Na equação a seguir, nota-se que a velocidade do som depende da raiz quadrada da razão entre o módulo de elasticidade volumétrico e a massa específica:

$$v = \sqrt{\frac{B}{\rho}}$$

Dessa forma, na Tabela 2.1, verificamos que, em meios sólidos, a velocidade é maior que em líquidos, que, por sua vez, é maior do que em meios gasosos.

Tabela 2.1 – Variação da velocidade do som em função do meio de propagação

Meio	Velocidade (m/s)
Gases	
Ar (0 °C)	331
Ar (20 °C)	343
Hélio	965
Hidrogênio	1 284
Líquidos	
Água (0 °C)	1 402
Água (20 °C)	1 482
Água salgada	1 522
Sólidos	
Alumínio	6 420
Aço	5 941
Granito	6 000

Fonte: Halliday; Resnick; Walker, 2012, p. 151.

Exemplificando

Escolher melancia em um supermercado é uma tarefa difícil, visto que, mesmo que esteja verde por fora ou um pouco mais amarela, isso nem sempre significa que a fruta está boa para consumo. Uma maneira de saber se está ou não madura é bater em sua casca e escutar o som emitido.

Supondo-se que, para que esteja madura o bastante, o som apresente uma frequência de 60 Hz e a velocidade de propagação em meio sólido seja de 1.800 m/s, qual seria o comprimento de onda dessa fruta?

Considerando-se tais informações, o comprimento de onda ideal seria:

$$v = \lambda \cdot f$$
$$1800 = \lambda \cdot 60$$
$$\lambda = \frac{1800}{60}$$
$$\lambda = 30 \text{ mm}$$

Exercício resolvido

No dia 1º de julho de 2012, noticiou-se que um jato da Força Aérea Brasileira (FAB) quebrou os vidros da fachada do prédio do Supremo Tribunal Federal (STF) enquanto fazia manobras em um voo rasante. Segundo a FAB, a aeronave ultrapassou a velocidade adequada, provocando, assim, um deslocamento de massa de ar.

Outra causa do incidente pode ter sido o fenômeno de ressonância, que consiste em igualar a frequência de excitação à frequência natural das vidraças.

Considerando-se que a velocidade do som no ar era de 340 m/s e o comprimento de onda de 4 mm, qual era a frequência natural das vidraças?

a) f = 95 000 Hz.
b) f = 85 000 Hz.
c) f = 45 000 Hz.
d) f = 200 000 Hz.

A resposta correta é a **alternativa B**.

Tendo em vista os dados citados na questão, a frequência pode ser assim calculada:

$$v = \lambda \cdot f$$
$$340 = 0{,}004 \cdot f$$
$$f = 85\,000 \text{ Hz}$$

2.3 Propriedades do som

O som é uma onda mecânica gerada pela vibração dos corpos, como nossas cordas vocais e as cordas de uma guitarra ou de um violão. Tal elemento precisa de um meio (gasoso, líquido ou sólido) para se propagar, e as ondas longitudinais se difundem na mesma direção que ele (Hewitt, 2015).

Preste atenção!

Hewitt (2010) afirma que o ar é o pior transmissor de som, se comparado a sólidos e líquidos. Exemplifica isso o fato de que colocar o ouvido no trilho do trem torna o som mais nítido do que ouvir ele se aproximando naturalmente; ou mesmo colocar o ouvido em uma mesa para escutar um relógio analógico.

Investigar o som é estudar física, porque ele é um fenômeno vibratório provocado pela variação da pressão do ar. Qualquer processo que produza ondas de pressão no ar é considerado uma fonte sonora, independentemente de ser um corpo sólido em vibração, um escape de gás ou uma explosão.

Em um *show*, por exemplo, a percepção sonora não resulta apenas do som produzido por um instrumento, mas de uma série de fenômenos, que podem sofrer alterações se o telespectador estiver em frente ao palco ou fora do eixo de uma caixa de som (Hewitt, 2015).

Nesta seção, vamos conhecer e diferenciar algumas das principais propriedades físicas do som.

Pressão (P) é uma palavra que significa "força" e designa o ato de comprimir ou pressionar algo. No campo da física, corresponde à grandeza de uma razão entre a **força** (F) e a **área** (A) de uma superfície em que a força é aplicada. De acordo com Karlen (2013), pressão e área são grandezas inversamente proporcionais e escalares. Porém, no caso da pressão sonora, ela é a base do estudo dos sons e a medida de energia de som emitida por uma fonte de ruído. Ademais, sua unidade de medida é o *dB*, conforme Silas (2021), que é uma escala logarítmica e a medida do nível de pressão sonora.

Pressão acústica é, então, tudo aquilo que escutamos e podemos medir, sendo sinônimo de *nível de ruído* (Koehler, 2015). A medição dos níveis de som é uma das atividades centrais para a avaliação de problemas de ruído em ambientes e deve ser executada com um medidor adequado: o decibelímetro.

No Brasil, a Norma Regulamentadora 15 – aprovada pela Portaria n. 3.214, de 8 de junho de 1978, do Ministério do Trabalho (Brasil, 1978) – indica que o nível de pressão sonora deve ser de, no máximo, 85 dB em 8 horas ininterruptas de trabalho. Em outros países, esse limite é menor, evidenciando que são mais rígidos na proteção contra ruídos.

Em seu Anexo I, a referida norma determina que "os níveis de ruído contínuo ou intermitente devem ser medidos em decibéis (dB) com instrumento de nível de pressão sonora operando no circuito de compensação 'A' e circuito de resposta lenta (SLOW)" (Brasil, 1978); e as leituras devem ser feitas próximas aos ouvidos do trabalhador.

Sleifer et al. (2013) alertam que a exposição prolongada a sons com níveis de pressão sonora elevados pode acarretar mudanças temporárias ou permanentes no corpo do indivíduo, culminando até em perda auditiva.

A amplitude da pressão sonora sofre redução à medida que a distância da fonte até o receptor é aumentada, devido à perda de transmissão do som em um meio. Desse modo, o nível de ruído avaliado é sempre um valor referente à distância (e variações) entre a fonte e o medidor.

Conforme Guimarães (2005), para aferir o nível de pressão sonora (NPS), é necessário aplicar a fórmula:

$$NPS = 10\log\left(\frac{P^2}{Po^2}\right)$$

Em que:

P = pressão sonora (N/m^3);

Po = pressão sonora de referência (2 × 10^{-5} N/m^2), que corresponde ao limiar da audição a 1 kHz.

A tabela a seguir demonstra a relação entre NPS e pressão.

Tabela 2.2 – Relação entre NPS e pressão

NPS Db	Pressão (N/m^2)
140 (limiar da dor)	200
120	20
100	2
80	0,2
60	2 × 10^{-2}
40	2 × 10^{-3}
20	2 × 10^{-4}
0 (limiar da audição)	2 × 10^{-5}

Fonte: Rott, 1995, citado por Guimarães, 2005, p. 17.

A **intensidade** (I) é a qualidade do som, que permite diferenciar fracos de fortes, e sua unidade de medida é o bel (também uma homenagem a Alexander Graham Bell). Na prática, vamos empregar o dB como unidade, o qual equivale à décima parte de um bel (0,1 bel). É pertinente frisar, neste ponto, que o ouvido humano apresenta tolerância a sons, a depender de sua intensidade. Observe, na Tabela 2.3, a relação entre nível sonoro e intensidade, assim como o nível prejudicial ao ouvido humano em caso de exposição contínua.

Tabela 2.3 – Nível sonoro e intensidade

Som	Nível sonoro (Db)	Intensidade (W/m²)
Sussurro	20	1×10^{-10}
Ambiente calmo	30	1×10^{-9}
Sala de aula	45	$3,1 \times 10^{-8}$
Conversa normal	60	1×10^{-6}
Serra circular	88	$6,3 \times 10^{-4}$
Rua com muito tráfego	90	1×10^{-3}
Betoneira em funcionamento	92	$1,6 \times 10^{-3}$
Bate-estaca em funcionamento	98	$6,3 \times 10^{-3}$
Dano ao ouvido humano	120	1
Motor de avião a jato	130	10

Fonte: Sato; Ramos, 2015, p. 111.

A referida relação é calculada com a fórmula a seguir (Sato; Ramos, 2015):

Nível sonoro = $\log \dfrac{1}{I_0}$

Valor de $I_0 = 10^{-12}$ W/m²

Para Fortuna (2006), o nível de **potência** de som (Lw) é a energia proveniente de uma fonte e uma propriedade desta. Trata-se da quantidade de energia transferida por unidade de tempo. Essa potência é medida, no Sistema Internacional de Unidades (SIU), em watts e usada para avaliar os descritores de onda: valor médio, valor de pico, composição espectral, distorção harmônica, entre outros.

O nível de potência do som é dado por:

$$L_w = 10 \cdot \log_{10}\left(\dfrac{W}{W_r}\right) dB$$

Em que:
W = potência do som da fonte, em watts;
W_r = potência do som de referência, correspondente a 10^{-12} watts.

Há também a intensidade do som, isto é, a quantidade de potência do som por unidade de espaço, assim expressa:

$$I = \dfrac{W}{4\pi r^2}$$

Em que:
w = potência do som, em watts;
r = distância, em metros, da fonte.

Fortuna (2006) ainda explica que a **amplitude** é a metade da diferença entre a pressão máxima e a pressão mínima, sendo mostrada em unidades de pressão (micropascal [μPa]). Usualmente, ela é convertida em potência sonora (10^{-12} W) ou em intensidade sonora (10^{-12} W/m^2).

Frequência, por sua vez, é o número de oscilações por segundo do movimento vibratório do som. Em outras palavras, é o quantitativo de ondas que passam por um ponto de referência em dado período de tempo, o qual é medido em Hz. Exemplo disso é a distinção entre os sons agudo e grave.

Nessa direção, Sato e Ramos (2015) apresentam a equação:

$$v = \lambda \cdot f$$

A **velocidade de propagação** (V) é diretamente proporcional ao comprimento de onda (λ) e de frequência (f) – elementos que a influenciam. Na imagem adiante, cada item representa timbres (frequências) diferentes para uma mesma intensidade ou volume (amplitude); por isso, há variação em V.

Figura 2.3 – Frequência de som

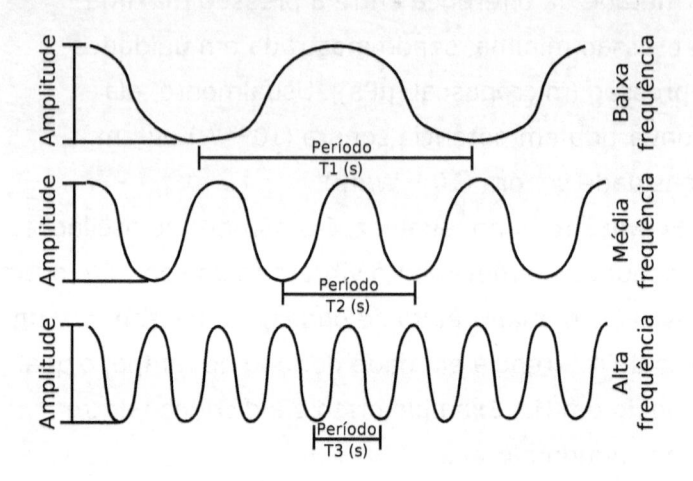

[Figura: três ondas com amplitudes e períodos T1(s), T2(s) e T3(s), representando respectivamente baixa frequência, média frequência e alta frequência.]

Fonte: Sato; Ramos, 2015, p. 110.

A consequência é a diferença de energia transportada.

2.3.1 Natureza dos sons, fontes internas e externas

É possível que você já tenha percebido que, em alguns momentos do dia, sente-se mais cansado, indisposto ou menos concentrado. O fato é que as cidades estão ficando cada dia mais barulhentas, e o trânsito, nesse contexto, pode ser um dos maiores vilões, já que, inevitavelmente, mais pessoas implicam mais veículos circulando. Fábricas, casas de *shows* ou festas, aeroportos, entre tantas fontes de ruídos, também geram poluição sonora no meio urbano.

A falta de fiscalização e o planejamento urbano têm contribuído para isso. A concepção de espaço urbano precisa ser gerenciada de forma cuidadosa, permitindo a criação de ambientes agradáveis e evitando que ruídos indesejáveis ocasionem problemas à saúde (Cassilha; Cassilha, 2007).

Como destacamos, um ruído ser ou não agradável é algo subjetivo. Cada ser humano interpreta de forma individual o conforto acústico; entretanto, devemos concordar que os barulhos de britadeiras, ônibus, buzinas, sirenes e alarmes podem ser considerados poluição sonora.

Podemos trazer essa mesma ideia para uma sala silenciosa cujos ocupantes precisam se concentrar, mas há um celular tocando insistentemente. É um pequeno ruído perto dos demais exemplos, porém, pode ser bem mais perturbador.

O tempo de exposição a ruídos pode provocar alterações fisiológicas no organismo, danificando as capacidades funcionais devido ao estresse. Conforme Roncolato, Prado e Tonglet (2016), dados de 2015 apontam que 360 milhões de pessoas no mundo enfrentaram alguma deficiência auditiva congênita.

A Organização Mundial da Saúde (OMS), citada pelos autores, por sua vez, estimou que, em 1999, de 80 a 90% dos casos de distúrbio do sono estivessem associados a ruídos externos ao local de repouso, ocasionando fadiga, insônia, mudança de humor e falta de concentração (Roncolato; Prado; Tonglet, 2016).

Por isso, é fundamental construir edifícios com a melhor orientação possível, para que, por exemplo, janelas não fiquem viradas para ruas barulhentas. Além disso, pode-se aplicar isolamento acústico entre paredes a fim de que ruídos desagradáveis, como descargas, conversas ou elevadores em operação, não se tornem um problema para os moradores.

Exemplificando

Se pensarmos em ruído externo, podemos reviver a situação a seguir: uma sala de aula com intenso ruído de conversa, o que obriga o professor a falar mais alto ainda e provoca desgaste e dor de cabeça em todos. Em uma academia, podemos pensar na conversa, no som ambiente ou no som de uma música, em alguma aula, se expandindo pelo local.

Ainda segundo Roncolato, Prado e Tonglet (2016), países como Portugal e Chile vêm adotando mapas de ruído – um sistema que, por meio de um levantamento de relevo, estrutura de edifícios e fluxo de trânsito, indica os locais mais ruidosos. Com isso, verifica-se como a cidade está e implementam-se mudanças em locais críticos, fazendo a gestão do ruído. No Brasil, a cidade de Fortaleza, com a orientação de um professor português, tem implementado esse recurso.

Como parte da solução dessa problemática, há diretrizes, normas e leis que arquitetos, engenheiros e fabricantes de materiais de construção devem seguir. Outra alternativa eficiente são as medidas de redução de som em estradas e ruas movimentadas ou paralelas a linhas de trem, como barreiras de propagação de ruídos (Buxton, 2017). Na margem da Linha Vermelha do Rio de Janeiro, por exemplo, há uma barreira de três metros que atenua os barulhos de uma avenida para a comunidade próxima. Essas construções, todavia, devem ser cuidadosamente pensadas, pois atrapalham a visão e podem afetar negativamente a população local (Hewitt, 2010).

Preste atenção!

Hewitt (2010) explica que, embora a maioria dos sons que escutamos seja transmitida pelo ar, qualquer substância elástica pode propagá-los. Essa elasticidade é a capacidade do material de voltar à sua forma original depois que sofreu a ação de uma força aplicada.

Em geral, avalia-se um ambiente por meio de um medidor de pressão sonora. A execução desse procedimento é, como destacamos, orientada por normas e legislações. Em consonância com o disposto nas Normas Regulamentadoras 10151 e 10152 da Associação Brasileira de Normas Técnicas (ABNT, 2017, 2019), essas medições visam ao conforto da população e consideram variáveis, como dia e hora, da exposição a ruídos.

Para o controle dessa poluição, pensa-se em uma estratégia de redução ou de alteração da fonte de ruídos. Caso não seja possível, a solução mais viável é a redução do caminho de propagação do som, o que diminui o percentual de ruído que chega ao local. Já quando há ruídos internos, como o de máquinas e equipamentos, devem-se propor soluções como seu enclausuramento ou a colocação de placas absorventes.

2.3.2 Aplicações de técnicas para o conforto acústico nas edificações

Hewitt (2010) afirma que os átomos respondem mais facilmente à movimentação em líquidos ou sólidos devido à sua aproximação e que isso transmite energia, quase sem perdas. Ilustra isso o fato de o som se propagar 15 vezes mais rápido no aço e 4 vezes mais veloz na água do que em comparação com o ar.

Para isolar acusticamente um espaço, pode-se contar com dois tipos de materiais: os convencionais e os não convencionais. Os **não convencionais** são derivados de uma inovação e idealizados especificamente para o tratamento acústico, como lã de vidro, lã de rocha, vermiculita, espumas elastoméricas e fibras de coco. Os **convencionais**, por sua vez, são materiais de vedação empregados normalmente na construção, como blocos cerâmicos, blocos de concreto, madeira e vidro.

O som reflete em superfícies lisas e, por isso, quando repercutido por paredes, forros ou pisos, pode ser tornar confuso. Ao contrário, se as superfícies são absorventes, ele é abafado. Já quando o som sofre várias reflexões, mesmo depois de sua fonte parar de reproduzi-lo, temos um processo chamado de *reverberação*.

A seguir, caracterizamos alguns materiais não convencionais.

- **Lã de vidro**: Conhecida como um dos melhores isolantes térmicos, é composta por sílica, sódio e um aglomerado de resinas sintéticas. Por ser porosa, a onda sonora entra em contato e é rapidamente absorvida. Algumas de suas vantagens são leveza, facilidade de manipulação, assim como o fato de não deteriorar, não favorecer a proliferação de fungo e não ser alvo de roedores.
- **Lã de rocha**: É constituída por fibras de basalto aglomerado com resina sintética. Pode ser aplicada em forros e divisórias e tem como características isolamento térmico e acústico, não corrosividade e não nocividade à saúde (quando manuseada com equipamento especial, oferece ótimo custo-benefício).
- **Espuma elastomérica**: É uma espuma de poliuretano com propriedades. Se aplicada com retardante de chamas, melhora a segurança contra o fogo e protege contra mofo, fungos e bactérias.
- **Fibra de coco**: Se misturada com cortiça expandida, tem um bom resultado na absorção de ondas de baixa frequência. Trata-se de um material versátil, bom

isolante térmico e acústico e matéria-prima natural e renovável.

Frequentemente, para tal finalidade, utiliza-se o *drywall* ou o gesso cartonado, inserindo-se placas em acabamentos de forros ou paredes de alvenaria de espessuras menores. Entre as vantagens desse recurso estão pouco peso, pequeno uso do espaço, precisão e possibilidade de imbutir instalações elétricas. Como desvantagem, podemos citar a baixa resistência mecânica a impactos (até 35 kg) e à umidade. Esse material também é empregado na separação de ambientes, podendo ser trabalhado com paredes duplas e material acústico. Uma boa indicação de uso nesse caso é a lã de vidro.

Conhecer o ambiente e sua finalidade permite elaborar um projeto diferenciado, com materiais adequados ao trabalho e distinção de tetos e divisórias (Sato; Ramos, 2015). Essas escolhas viabilizam que as ondas sonoras sejam perfeitamente aproveitadas ou que ocorra a minimização da refração.

Em um espaço laboral, aletas ou saliências no teto ajudam a impedir que as ondas sonoras realizem reflexões e difrações, propiciando maior conforto e produtividade. Para entender esse processo, comparemos a Figura 2.4, que ilustra um teto refletindo sons por toda a sala, com a Figura 2.5.

Figura 2.4 – Ambiente em que o som se propaga

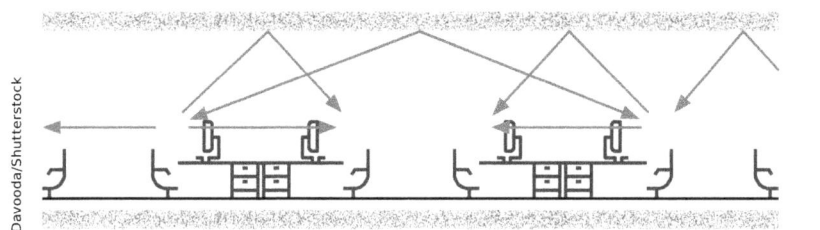

Fonte: Sato; Ramos, 2015, p. 116.

Observe a outra figura citada, a qual representa uma sala com saliências que restringem a propagação do som. Quanto mais absorvente esse material, mais agradável torna-se o ambiente.

Figura 2.5 – Ambiente com placas e aletas

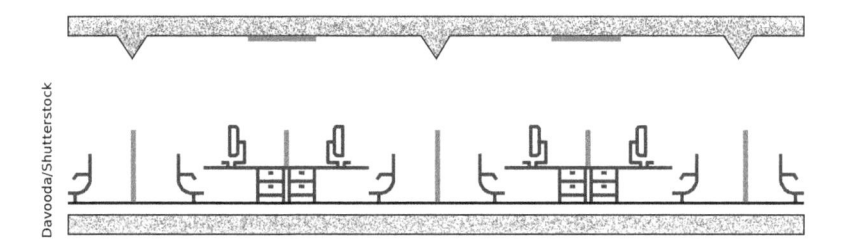

Fonte: Sato; Ramos, 2015, p. 117.

Para esse cenário, indicam-se ainda cortinas de veludo, colunas com ranhuras, formas irregulares e discos de neoprene.

Podemos perceber, então, que a vedação, o formato da edificação, o projeto e os detalhamentos influenciam o comportamento dos sujeitos em um espaço. Dessa maneira, locais silenciosos não podem ser planejados próximos a salas com ruído (como espaços com música) e espaços sigilosos devem ser construídos de modo que o som não os ultrapasse.

Portanto, há inúmeros elementos que afetam o isolamento acústico e o conforto do indivíduo, ainda que ele não note; e a qualidade dos materiais usados no ambiente, assim como seu planejamento, pode fazer grande diferença no dia a dia de quem o frequenta.

Exercício resolvido

Leia o excerto a seguir.

> Cotidianamente percebemos que fenômenos comuns, naturais ou controlados, envolvendo corpos em vibração, têm como uma de suas consequências a produção de ondas sonoras – ondas mecânicas longitudinais, com frequências aproximadamente entre os limites 20 Hz e 20 kHz, que nos causam a sensação da audição [1–3]. Esses sons são dos mais variados tipos, cujas características dependem inicialmente da fonte sonora. (Dantas; Cruz, 2019, p. 1)

Devido à sua natureza, o som apresenta, basicamente, duas disciplinas (ou áreas) intimamente relacionadas: a acústica física e a psicoacústica. Considerando o exposto, assinale a alternativa que apresenta a correta definição de som:

a) O som, como fenômeno físico, é uma propagação na forma de ondas elásticas de oscilações mecânicas em um meio sólido, líquido ou gasoso.

b) O som é um elemento que indica o número de oscilações durante determinado período de tempo igual a 1 segundo.

c) O som é uma grandeza que determina diretamente a quantidade de energia (ou fluxo) transportada pela onda sonora.

d) O som é uma grandeza física que determina a quantidade de energia presente nos instrumentos musicais.

A resposta correta é a **alternativa B**.

Em razão de sua natureza, é possível analisar o som sob diversas óticas. Ele não é uma técnica, um método ou uma lei criada pela espécie humana, mas uma propagação na forma de ondas elásticas de oscilações mecânicas em um meio sólido, líquido ou gasoso.

Essas oscilações podem gerar pressão nas moléculas, as quais, por meio da colisão sucessiva entre si, transmitem energia na forma de ondas denominadas *sonoras*. Para o estudo do tema, é necessária a compreensão de certos parâmetros, grandezas físicas que caracterizam o som, como a frequência – o número de oscilações durante um período de tempo igual a 1 segundo – e a intensidade – a grandeza que determina diretamente o chamado *volume do som*, o qual é definido pela quantidade de energia (ou fluxo) transportada pela onda sonora.

2.3.3 Aplicações práticas de ondas sonoras

Frequências sonoras mais altas podem ser emitidas sobre estruturas de máquinas e outros arranjos. Depois disso, o eco que um receptor adquire por sensores consegue, por exemplo, mostrar pontos de trincas em soldas. Essa técnica, a chamada *manutenção preditiva*, por meio de emissão acústica, objetiva averiguar a evolução de possíveis falhas e intervir quando necessário.

O ultrassom – como explicamos, ondas sonoras de maiores frequências que as perceptíveis pela audição humana (20 kHz) – é aplicado em vários segmentos. Na engenharia biomédica, por exemplo, equipamentos que trabalham por emissão de ultrassom podem ajudar um médico a detectar, com a recepção do sinal, se um osso foi fraturado, realizar exames cardiovasculares e, até mesmo, acompanhar a evolução de uma gestação.

Sonares, por sua vez, são emissões de ondas sonoras em meios conhecidos, em que, após esbarrar em um objeto, a onda é refletida, o que possibilita identificar a distância do emissor até o objeto. Sistemas de navegação marítimos utilizam muito esse método para prevenir colisões com fenômenos ou objetos submersos ou para localizar destroços de acidentes. Ainda, animais como o golfinho podem se comunicar por intermédio de sonares.

Em grandes empresas, o controle de processos que envolvem produção contínua ou de batelada, eventualmente, precisa da medição de níveis de tanques de estocagem ou de mistura, como reatores. Nesse contexto, o ultrassom serve de sonar, mas, em vez de detectar o objeto, avalia o nível do tanque.

Em resumo, o estudo do som é importante para várias áreas científicas, como pudemos constatar examinando, com base no conceito de ondas longitudinais de pressão, algumas aplicações de ondas sonoras, como são produzidas e de que modo seu meio de propagação influencia sua velocidade.

2.4 Ondas

De acordo com Resnick, Halliday e Krane (2017), os movimentos ondulatórios aparecem em quase todos os ramos da física. Knight (2009a) destaca que as ondas são onipresentes na natureza, podendo ser percebidas, por exemplo, em pequenas ondulações em um lago, no solo durante um terremoto, em uma corda de violão que vibra, no som de uma flauta e nas cores do arco-íris.

Para todos os tipos de onda, emprega-se uma descrição matemática similar. As ondas mecânicas englobam as ondas sonoras e as ondas aquáticas. Elas se propagam através de um meio elástico e, devido às propriedades dele, podem decorrer de uma perturbação inicial em um de seus pontos.

Considerando-se o nível microscópico, as forças entre os átomos são responsáveis pela propagação das ondas mecânicas. Exemplo disso é uma folha que flutua em um lago. Ela pode oscilar para cima e para baixo quando uma onda estiver passando, mas logo volta a uma posição muito próxima da original (Resnick; Halliday; Krane, 2017).

2.4.1 Tipos de ondas

Resnick, Halliday e Krane (2017) explicam que as ondas mecânicas podem ser classificadas de acordo com suas direções de propagação e com as direções do movimento descrito pelas partículas do meio em que elas se deslocam. Assim, se o movimento das partículas for perpendicular à direção de propagação da onda, tem-se uma **onda transversal**. Contudo, se as partículas forem para frente e para trás ao longo da direção de propagação, tem-se uma **onda longitudinal**.

2.4.2 Ondas sonoras na biofísica

Para modular a amplitude das ondas sonoras que chegam ao tímpano e são transmitidas até a orelha interna por ossículos da orelha média, o ouvido conta com um músculo chamado *estapédio* (Mourão Júnior; Abramov, 2017). Esse músculo, ao se contrair, aumenta a tensão sobre os ossículos, limitando a amplitude da onda em propagação.

O músculo estapédio é ativado quando as pessoas são submetidas a sons muito intensos e duradouros, como em uma boate. Uma fonte sonora como um alto-falante produz pequenos "tapinhas", que são forças no ar contíguo a ele. Em frequência variável, eles se propagam pelo ar como ondas de compressão e rarefação (Mourão Júnior; Abramov, 2017).

Na imagem adiante, é possível analisar a representação de uma onda sonora (rarefação e compressão) como uma oscilação bidimensional em um gráfico. A rarefação simboliza os "vales", ou seja, os pontos mais baixos da trajetória de uma onda, do gráfico desta; já a compressão representa as "cristas", isto é, os pontos mais altos da trajetória.

Figura 2.6 – Onda sonora

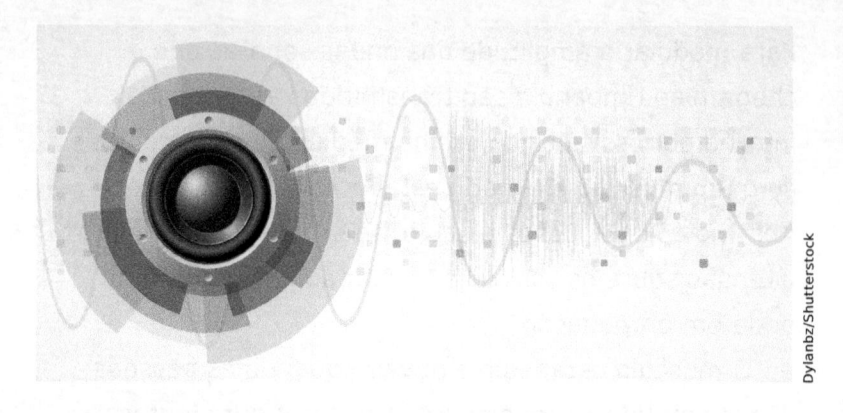

Fonte: Mourão Júnior; Abramov, 2017, p. 136.

Os "tapinhas" produzidos pelo alto-falante podem ter frequência e amplitude variáveis. Então, nem sempre ondas que se propagam precisam ser monótonas e idênticas. Uma grande variabilidade de padrões de frequência e amplitude pode se somar, fazendo surgir um composto complexo de oscilações que, a princípio, parecem caóticas. Esse complexo é chamado de *onda complexa* e pode ser examinado no Gráfico 2.5.

Gráfico 2.5 – Composto de quatro ondas com frequências e amplitudes diferentes: (a) componentes; (b) onda resultante

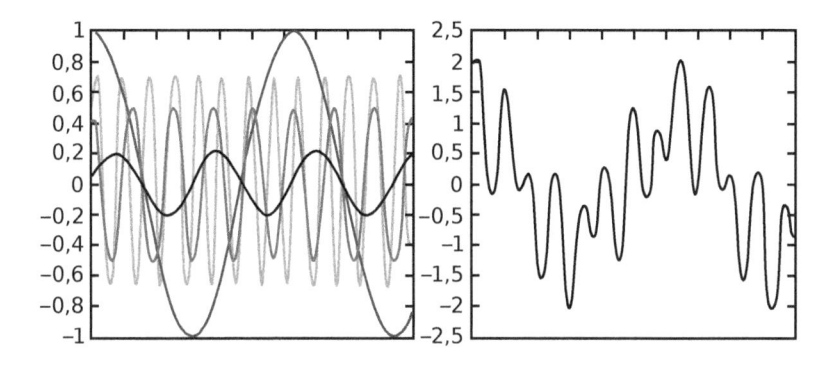

Fonte: Mourão Junior; Abramov, 2017, p. 137.

Na natureza, várias fontes emitem ondas de mesmo tipo simultaneamente, e essas ondas se cruzam. Por exemplo, se você estiver ao celular enquanto caminha pelo centro de uma grande cidade às 18h, diversas ondas sonoras serão captadas por seus ouvidos: a voz na outra linha, as buzinas, os gritos de ambulantes, o som dos motores dos carros, entre outras. É possível, até mesmo, que elas estejam interagindo continuamente.

2.5 Movimento ondulatório

Neste capítulo, veremos que o movimento ondulatório se caracteriza pela oscilação de uma partícula em suas vizinhanças, ou seja, devido à alternação de sua posição ao longo do tempo numa posição fixa, percorrendo sempre uma mesma distância durante esse movimento bamboleante. Quando essa vibração, por meio da transferência de energia, consegue se propagar de uma região para outra, há o que chamamos de *onda*.

Essa propagação ocasiona atrito interno entre as partículas constituintes do sistema, resultando em tensões de cisalhamento em razão das diferenças de pressão em cada região do sistema (Young; Freedman, 2015).

Existem alguns números que, quando são associados a uma onda, facilitam sua identificação. Do mesmo modo que uma pessoa pode ser identificada pelo CPF (Cadastro de Pessoas Físicas) e RG (Registro Geral), elementos como amplitude, frequência e comprimento da onda especificam a forma como as ondas podem nos sensibilizar, seja na forma de ondas eletromagnéticas, seja na forma de ondas mecânicas.

Trataremos do efeito Doppler como um fenômeno físico que permite a compreensão da variação aparente da frequência de uma onda quando existe movimento relativo entre a fonte e o detector. Além disso, abordaremos, analiticamente, esse fenômeno em ondas sonoras ao lidarmos, quantitativamente, com relações matemáticas que determinam essa frequência quando a fonte sonora está em movimento e o observador em repouso, quando a fonte sonora está em repouso e o observador em movimento e quando ambos estão em movimento.

2.5.1 Efeito Doppler

O efeito Doppler foi descrito pela primeira vez em meados de 1800 pelo físico e matemático austríaco Johann Cristian Doppler, que, conforme Halliday, Resnick e Walker (2016, p. 376), descobriu "uma mudança da frequência detectada em relação à frequência emitida por uma fonte por causa do movimento relativo entre a fonte e o detector".

Hewitt (2015) lembra que o efeito Doppler é observado tanto em ondas mecânicas quanto em ondas eletromagnéticas. Em termos simples, se a fonte emissora de onda, ou um detector, ou ambos estão em movimento, um em relação ao outro, então a frequência da onda em sua origem será diferente da frequência no ponto em que eles estão sendo detectados.

É importante notar que a frequência não é alterada pela fonte, mas pela causa do movimento relativo entre ela e o detector. Quando a fonte da onda está se movendo em direção ao observador, cada onda sucessiva emitida pela fonte leva menos tempo do que a anterior para chegar ao observador. Esse decréscimo no tempo causa um aumento na frequência ($v = 1/t$).

Por outro lado, se a fonte das ondas está se afastando do observador, cada onda é emitida de uma posição mais distante do observador em comparação à onda anterior, de modo que o tempo de chegada entre ondas sucessivas é aumentado, o que reduz a frequência. Em ondas eletromagnéticas, o efeito

Doppler é empregado para medir a expansão do universo e a velocidade das estrelas em relação à Terra.

Isso é possível porque, à medida que a luz se aproxima em grande velocidade do ponto de observação, há um aumento na frequência em direção às altas frequências, ou seja, um desvio para a extremidade azul do espectro das cores. Quando ocorre o inverso, ou seja, no momento em que uma fonte luminosa está se afastando, tem-se a diminuição da frequência com desvio para a extremidade vermelha do espectro das cores (Figura 2.7) (Hewitt, 2015).

Figura 2.7 – Efeito Doppler em ondas eletromagnéticas: aproximação (desvia para o azul-violeta) e afastamento (desloca-se para o vermelho)

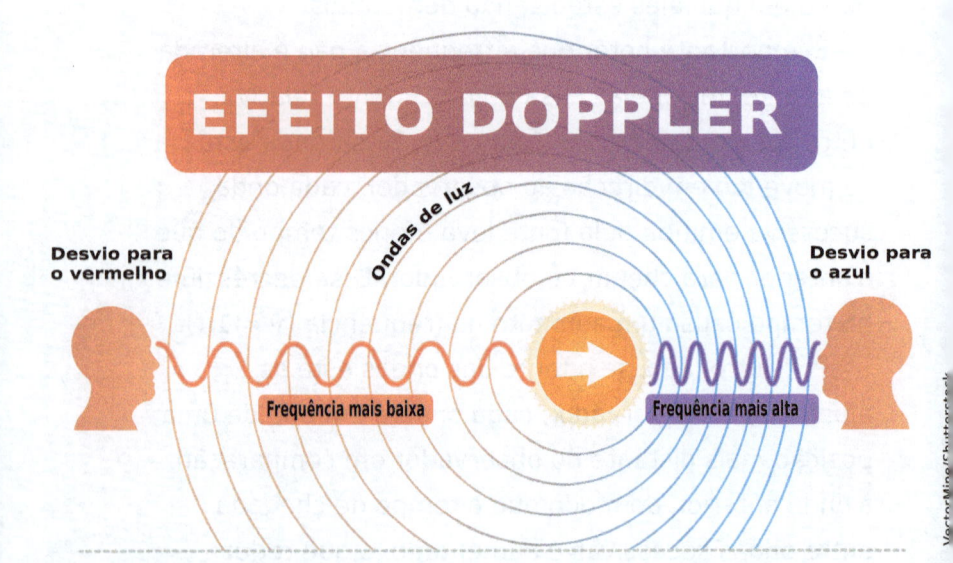

EFEITO DOPPLER

Desvio para o vermelho — Ondas de luz — Desvio para o azul

Frequência mais baixa — Frequência mais alta

O efeito Doppler em ondas mecânicas (o som, por exemplo) é responsável por explicar por que um som se torna mais agudo à medida que a fonte sonora se aproxima do ouvinte e mais grave conforme se afasta. Sendo assim, para analisar o efeito Doppler do som, é necessário estabelecer uma relação entre as velocidades da fonte e do detector, que apresentam movimentos relativos em relação ao meio (Figura 2.8).

Figura 2.8 – Efeito Doppler em ondas mecânicas

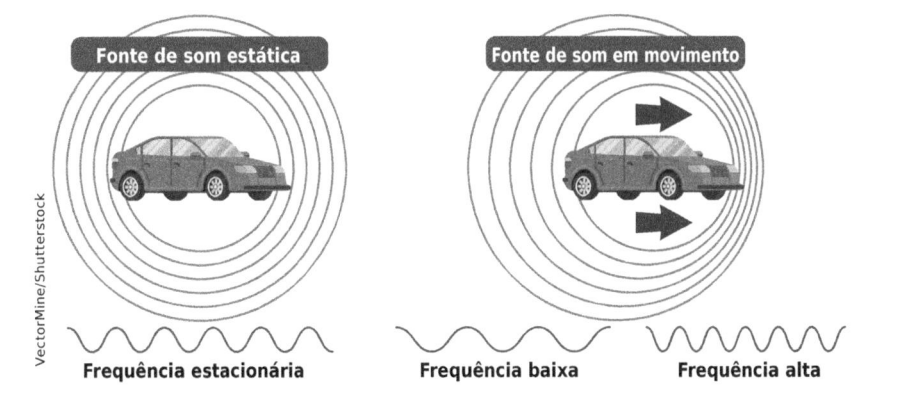

Fonte de som estática — Frequência estacionária
Fonte de som em movimento — Frequência baixa / Frequência alta

VectorMine/Shutterstock

Em geral, as pessoas acreditam que, ao se ajustar o volume mínimo audível de um aparelho de som, tem-se um som baixo. Porém, fisicamente falando, essa afirmação está errada, visto que as diferenças de volume indicam que o som está mais ou menos intenso, e isso está associado à amplitude da onda, pois indica o quanto de energia está sendo transportado.

A altura é a característica física que distingue sons mais agudos (altos) e mais graves (baixos), ou seja, ela está diretamente atrelada à frequência da onda sonora. Sendo assim, como ilustrado na Figura 2.9, os sons agudos têm maior frequência que os sons graves.

Figura 2.9 – Diferentes amplitudes e tons de ondas sonoras

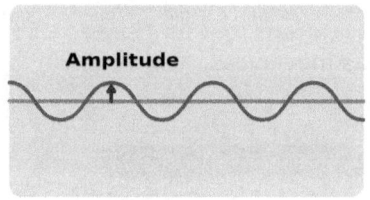

Baixa amplitude – som pouco intenso

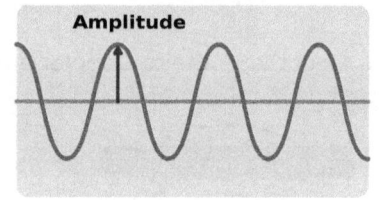

Amplitude alta – som intenso

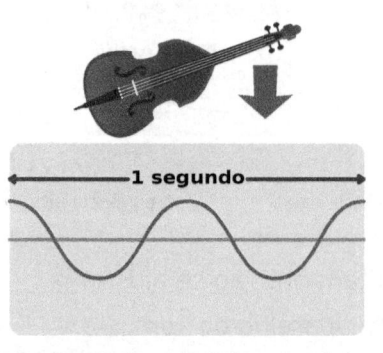

Baixa frequência – tom baixo – som baixo

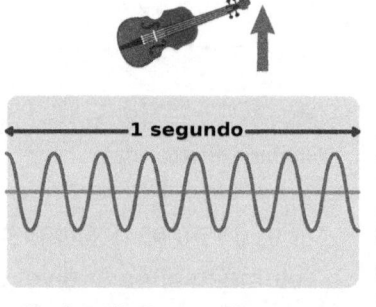

Alta frequência – tom alto – som alto

Cálculo da frequência de uma onda sonora pela análise do efeito Doppler

Como mencionamos, o exemplo clássico para explicar o efeito Doppler é o som emitido por uma sirene de ambulância. Suponhamos que uma ambulância esteja parada e com a sirene ligada emitindo ondas sonoras de 1 000 Hz (hertz) de frequência.

Se você também estiver em repouso, ouvirá o som com essa mesma frequência; entretanto, caso se encontre em repouso e essa ambulância estiver se deslocando em sua direção, você ouvirá um som mais agudo do que o normal, já que as cristas das ondas sonoras da sirene atingirão seus ouvidos mais frequentemente.

Do mesmo modo, se a ambulância estiver se afastando de você, a frequência das ondas sonoras emitidas pela sirene irá diminuir, ocasionando um som mais grave, haja vista que as cristas das ondas chegarão a seus ouvidos com menos frequência (Hewitt, 2015; Young; Freedman, 2015).

Figura 2.10 – Efeito Doppler em ondas sonoras: proximidade da fonte = alta frequência e som agudo; distanciamento desta = menor frequência e som grave

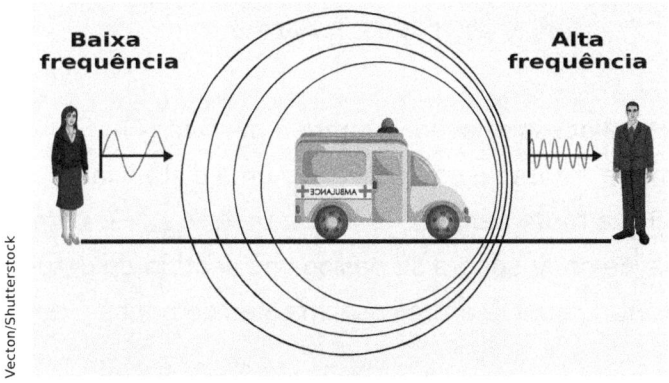

Vecton/Shutterstock

Nesse sentido, Halliday, Resnick e Walker (2016) esclarecem que, para determinarmos a relação entre a frequência aparente percebida pelo ouvinte e a frequência real do som, é necessário compreender as velocidades da fonte e do detector em relação ao meio no qual estão inseridos. Além disso, os referidos autores apresentam três possibilidades de análise do efeito Doppler:

1. fonte aproximando-se ou afastando-se de um detector estacionário;
2. detector aproximando-se ou afastando-se de uma fonte estacionária;
3. fonte e detector em movimento.

Fonte sonora em movimento e detector em repouso

Nessa situação, T é o período de tempo entre a emissão de duas frentes de ondas consecutivas. Pela equação fundamental da ondulatória, chega-se a:

$$v = \lambda \cdot f \rightarrow v = \frac{\lambda}{T} \rightarrow \lambda = v \cdot T$$

Diante dessa relação, durante o período (T), a primeira frente de onda percorre uma distância $v_{som} \cdot T$ e a fonte percorre uma distância $v_{fonte} \cdot T$. Como a fonte de onda sonora se desloca no sentido do detector, a distância relativa entre essas frentes de ondas é dada pela diferença entre os comprimentos de onda, ou seja, $\lambda' = v_{som} \cdot T - v_{fonte} \cdot T$. Uma vez que a frequência é o inverso do período, pode-se demonstrar uma equação que evidencia a frequência aparente (f_{ap}) de uma fonte que se aproxima de um detector em repouso:

$$f_{ap} = \frac{v}{\lambda} \rightarrow f_{ap} = \frac{v_{som}}{v_{som} \cdot T - v_{som} \cdot T}$$

$$f_{ap} = \frac{v_{som}}{\frac{v_{som}}{f_{fonte}} - \frac{v_{fonte}}{f_{fonte}}} \rightarrow f_{ap} = f_{fonte} \cdot \frac{v_{som}}{v_{som} - v_{fonte}}$$

Caso a fonte esteja se afastando do detector, haverá um alongamento aparente do comprimento de onda em relação ao normal. A distância relativa entre essas frentes de ondas é dada pela soma das distâncias de cada comprimento de onda, ou seja, $\lambda' = v_{som} \cdot T + v_{fonte} \cdot T$. Como consequência, a frequência aparente para a fonte se afastando de um detector em repouso será:

$$f_{ap} = \frac{v}{\lambda} \rightarrow f_{ap} = \frac{v_{som}}{v_{som} \cdot T + v_{som} \cdot T}$$

$$f_{ap} = \frac{v_{som}}{\frac{v_{som}}{f_{fonte}} + \frac{v_{fonte}}{f_{fonte}}} \rightarrow f_{ap} = f_{fonte} \cdot \frac{v_{som}}{v_{som} + v_{fonte}}$$

Combinando-se as duas equações citadas, pode-se generalizar a equação que relaciona a frequência aparente mensurada por um detector estático quando existe uma fonte em movimento. No denominador da equação a seguir, o sinal + é utilizado para a fonte que se afasta do detector estático, e o sinal − para a fonte que se aproxima do detector (Figura 2.11).

$$f_{ap} = f_{fonte} \cdot \frac{V_{som}}{V_{som} \pm V_{fonte}}$$

Figura 2.11 – Efeito Doppler em um detector em repouso: fonte sonora se aproximando (a) e se afastando (b) dele

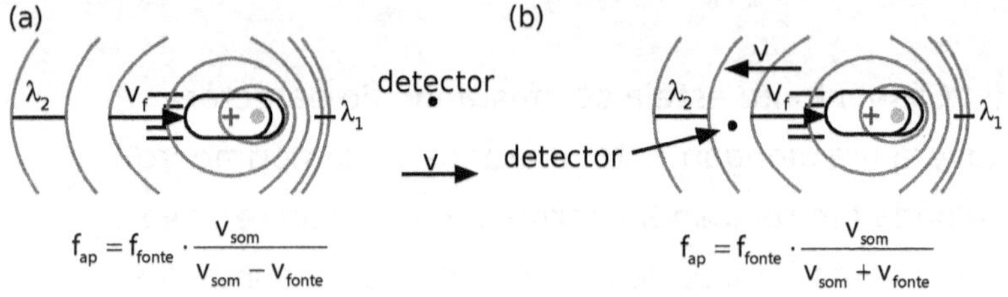

(a) $\qquad$ (b)

$$f_{ap} = f_{fonte} \cdot \frac{V_{som}}{V_{som} - V_{fonte}} \qquad f_{ap} = f_{fonte} \cdot \frac{V_{som}}{V_{som} + V_{fonte}}$$

Fonte: Archanjo et al., 2015, p. 49.

Fonte sonora em repouso e detector em movimento

Consideremos, inicialmente, um detector que se move com uma velocidade v_{det} no sentido oposto ao do movimento das frentes de onda emitidas por uma fonte sonora em repouso, isto é, que vai de encontro às ondas sonoras. Nesse caso, para Archanjo et al. (2015, p. 99), "haverá maior número de encontros com as frentes de ondas do que se estivesse parado, num mesmo intervalo de tempo." Dessa forma, a f_{ap} de um detector que se aproxima de uma fonte em repouso será:

$$f_{ap} = \frac{V_{relativa}}{\lambda} \rightarrow f_{ap} = \frac{V_{som} + V_{det}}{\lambda}$$

$$f_{ap} = \frac{(V_{som} + V_{det})}{\frac{V_{som}}{f_{fonte}}}$$

$$f_{ap} = f_{fonte} \frac{(V_{som} + V_{det})}{V_{som}}$$

Ainda segundo Archanjo et al. (2015, p. 99), caso o detector esteja se afastando da fonte, "haverá menor número de encontros com as frentes de onda do que se estivesse parado num mesmo intervalo de tempo". Como consequência, a frequência aparente será:

$$f_{ap} = \frac{V_{relativa}}{\lambda} \rightarrow f_{ap} = \frac{V_{som} - V_{det}}{\lambda}$$

$$f_{ap} = \frac{(V_{som} - V_{det})}{\frac{V_{som}}{f_{fonte}}}$$

$$f_{ap} = f_{fonte} \frac{(V_{som} - V_{det})}{V_{som}}$$

Combinando-se essas duas equações, pode-se generalizar a equação que relaciona a frequência aparente mensurada por um detector em movimento quando existe uma fonte estática. No numerador da equação a seguir, o sinal + é utilizado para o detector que se aproxima da fonte em repouso, enquanto o sinal − é utilizado para o detector que se afasta da fonte em repouso (Figura 2.12).

$$f_{ap} = f_{fonte} \frac{(v_{som} \pm v_{det})}{v_{som}}$$

Figura 2.12 – Efeito Doppler para fonte sonora em repouso: detector aproximando-se dela (a) e afastando-se (b)

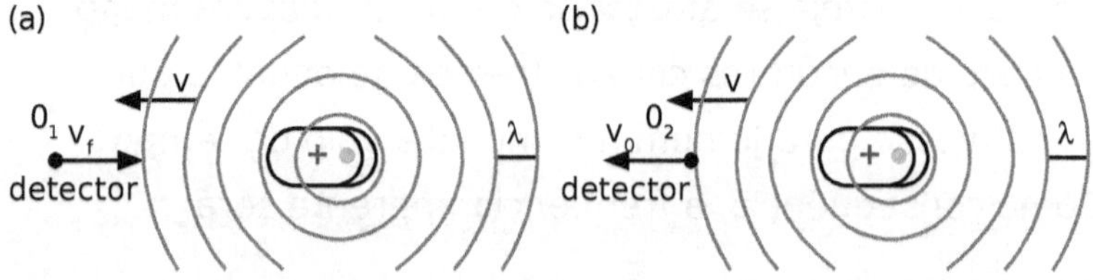

(a)

(b)

$$f_{ap} = f_{fonte} \cdot \frac{(v_{som} + v_{det})}{v_{som}}$$

$$f_{ap} = f_{fonte} \cdot \frac{(v_{som} + v_{det})}{v_{som}}$$

Fonte: Archanjo et al., 2015, p. 58.

Fonte e observador em movimento

As relações das possibilidades discutidas há pouco podem ser incorporadas com o fito de construir uma equação geral para a frequência relativa quando tanto a fonte como o observador podem estar em movimento. Dessa forma, obtem-se:

$$f_{ap} = f_{fonte} \frac{(v_{som} \pm v_{det})}{v_{som} \pm v_{fonte}}$$

Para facilitar a aplicação dessa equação, Archanjo et al. (2015) apresentam uma trajetória orientada do observador para a fonte (Figura 2.13).

Figura 2.13 – Regra dos sinais para o efeito Doppler

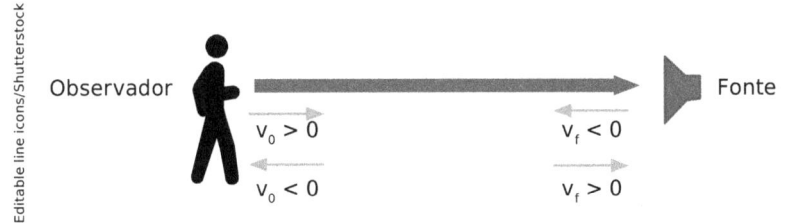

Observador $v_0 > 0$ $v_0 < 0$ $v_f < 0$ $v_f > 0$ Fonte

Fonte: Archanjo et al., 2015, p. 61.

Com as informações da figura, podemos perceber que a soma ou a subtração das velocidades depende do sentido adotado entre a fonte e a pessoa. A trajetória no referencial adotado é positiva no sentido do observador para a fonte.

Exercício resolvido

Considere que uma sirene de ambulância emite ondas senoidais com 300 Hz de frequência e que a velocidade de propagação dessas ondas no ar é de 340 m/s. Com base nisso, imagine a seguinte situação: uma ambulância está estacionada (em repouso) às margens de uma rodovia para que os enfermeiros prestem socorro às vítimas de um acidente de trânsito. Caso uma pessoa esteja se deslocando em uma velocidade de 30 m/s em uma rodovia paralela a essa, é possível afirmar que o ouvinte, ao se aproximar da ambulância, ouvirá o som da sirene mais _____ do que o normal, pois a frequência será de _____, ou seja, _____. Por outro lado, quando ele estiver se afastando com essa mesma velocidade, escutará um som mais _____, porque a frequência será de _____, ou seja, _____.

Assinale a alternativa que contém os trechos que preenchem corretamente as lacunas:

a) agudo, 274 Hz, mais frequente, grave, 326 Hz, menos frequente.
b) grave, 326 Hz, mais frequente, agudo, 274 Hz, menos frequente.
c) agudo, 326 Hz, mais frequente, grave, 274 Hz, menos frequente.
d) grave, 326 Hz, menos frequente, agudo, 274 Hz, mais frequente.

A resposta correta é a **alternativa C**.

Na equação do efeito Doppler para detector em movimento e fonte em repouso, temos:

$$f_{ap} = f_{fonte} \frac{(v_{som} \pm v_{det})}{v_{som}}$$

Para a situação de aproximação do ouvinte à fonte sonora, obtemos:

$$f_{ap} = f_{fonte}\frac{(v_{som} + v_{det})}{v_{som}} \to f_{ap}$$

$$f_{ap} \simeq 346\,Hz$$

Com base nesse resultado, podemos afirmar que o ouvinte, ao se aproximar da ambulância, ouvirá o som da sirene mais agudo do que o normal, pois a frequência será de 326 Hz, ou seja, mais frequente. Para a situação de afastamento do ouvinte em relação à fonte sonora, verificamos:

$$f_{ap} = f_{fonte}\frac{(v_{som} - v_{det})}{v_{som}} \to f_{ap}$$

$$\frac{300 \cdot (340 - 30)}{340} \to f_{ap}$$

$$f_{ap} \simeq 274\,Hz$$

Diante desse resultado, constatamos que, quando a pessoa estiver se afastando, ela escutará o som da sirene mais grave do que o normal, porque a frequência será de 274 Hz, isto é, menos frequente.

2.5.2 Aplicações do efeito Doppler

O efeito Doppler está presente em diversos fenômenos de nosso cotidiano. Na medicina, ele é o princípio que norteia os ecocardiogramas – exames que utilizam ultrassons para avaliar, em tempo real, o fluxo sanguíneo das válvulas e dos vasos, a fim de identificar problemas que causam falta de ar e cansaço.

Nesses exames, um dispositivo capaz de transformar um tipo de energia em ondas na frequência do ultrassom, conhecido como *transdutor*, é empregado para identificar a direção e a velocidade do fluxo sanguíneo. Da mesma forma que a velocidade de um veículo em movimento é determinada pelo canhão do radar, em ecocardiogramas, pode-se averiguar a velocidade das células sanguíneas medindo-se a magnitude da mudança de frequência entre o sinal transmitido e o recebido. Além disso, é possível determinar a direção do fluxo sanguíneo de acordo com o desvio Doppler (se é positivo ou negativo) (Figura 2.14).

Figura 2.14 – Técnica de Doppler colorido: avalia a presença, a direção e a qualidade do fluxo sanguíneo, bem como diferencia fluxos rápidos e lentos

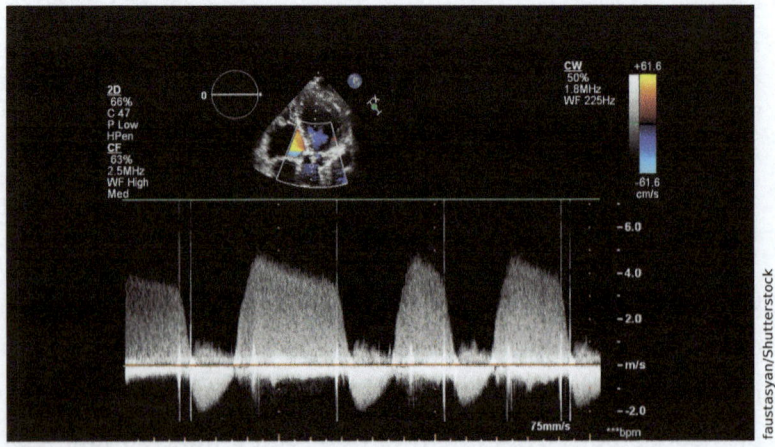

> **Preste atenção!**

O ouvido humano consegue ouvir sons cuja frequência está compreendida entre 20 e 20 mil Hz. As frequências sonoras abaixo desse intervalo (menores que 20 Hz) são designadas como *infrassom*, ao passo que as acima (20 mil Hz) são chamadas de *ultrassom*.

Na comunicação, o efeito Doppler está presente no desenvolvimento de satélites e radares e, especificamente na indústria, na produção de velocímetros e vibrômetros. Na astronomia, como você viu no início deste capítulo, ele é utilizado para medir a velocidade de corpos celestes e a distância entre os astros cósmicos.

Conforme Bonjorno, Clinton e Luís (2010), na produção musical digital, o efeito Doppler é usado para melhorar a qualidade da música. Existem vários *plug-ins* e efeitos que se baseiam nele. Na prática, os compositores musicais os usam para canalizar a batida específica a determinado ambiente de destino, convertendo os formatos de áudio mono e estéreo para um multicanal. Para tornar o efeito mais real possível, os pontos inicial e final do efeito, a curva da trilha, o tempo central e os controles de cor de tom do *plug-in* Doppler devem receber atenção cuidadosa.

O som emitido pela passagem dos carros de Fórmula 1 ao atravessarem a cabine de transmissão também ilustra qualitativamente o efeito Doppler de modo bem parecido com o da ambulância. Nesse sentido, Dias (2009) apresenta um método simples com o qual é possível determinar a velocidade de um carro de Fórmula 1 usando as relações matemáticas do efeito Doppler.

Exercício resolvido

Na Guerra do Iraque, diversos poços de petróleo foram incendiados, e umas das soluções encontradas pelos americanos para apagar os incêndios foram os explosivos. A onda de choque resultante da explosão gerava vácuo e, assim, o incêndio se apagava. Sobre isso, analise as sentenças a seguir.

I. A onda de choque é um som.
II. A onda é transversal e é explicada pela diferença de pressão.
III. Não é uma onda mecânica, já que há regiões com vácuo nela.

Está correto o que se afirma em:

a) I, apenas.
b) III, apenas.
c) II e III.
d) I e II.

A resposta correta é a **alternativa A**.

A afirmação II está incorreta, apesar de ser explicada pela diferença de pressão, a onda é longitudinal. A afirmação III está incorreta, já que é uma onda mecânica, mesmo com regiões que apresentam vácuo, pois ela depende de um meio para se propagar. A afirmação I está correta, pois a onda de choque é uma onda longitudinal, que se explica pela diferença de pressão, então, é um som.

Estudo de caso

O som é uma onda mecânica e se propaga para a frente, sendo definida como uma compressão mecânica ou uma onda longitudinal que se espalha em meios como o ar e a água. Essa propagação do som só ocorre com compressões e refrações. Você sabia que ela é maior na água do que no ar? Vejamos o caso a seguir.

Gabriel entrou em uma piscina, mergulhou a cabeça, emitiu sons ao estalar os dedos e reparou no barulho que faz dentro d'água. Então, ele saiu da água e repetiu o mesmo teste com a cabeça fora da água. Teimoso e não contente, o rapaz refez a experiência falando dentro da água e então se questionou: "Por que há essa diferença tão grande do som se ouvido dentro e fora da água?"

A velocidade do som na água é quatro vezes maior do que no ar, por isso percebemos uma diferença sonora quando ouvimos algo dentro ou fora dela. Para esclarecer melhor a questão, imaginemos um comparativo: Gabriel segurou um elástico pelas pontas e o puxou no meio, fazendo o mesmo processo com um barbante logo em seguida. Com esse experimento, verificou que a velocidade de vibração do elástico é muito maior. É o mesmo fenômeno que ocorre com o som dentro da água.

Então, Gabriel concluiu que o som dentro da água é muito maior do que fora dela, por isso consegue captá-lo melhor no interior desse líquido.

Em complemento à discussão, com vistas a expandir o conhecimento sobre acústica, recomendamos a consulta aos seguintes materiais:

- ELEMENTOS de uma onda. 4 min. **Brasil Escola**, 2 out. 2017. Disponível em: <https://www.youtube.com/watch?v=km_ytP0ISkM>. Acesso em: 10 jun. 2021. Nesse vídeo, o professor aborda os elementos e as características das ondas, iniciando pelos da onda transversal, por meio de ilustrações e cálculos.

- CLASSIFICAÇÃO das ondas. 7 min. **Brasil Escola**, 2 out. 2017. Disponível em: <https://www.youtube.com/watch?v=tPcrnKtbV8Q>. Acesso em: 10 jun. 2021.
Nesse vídeo, o docente comenta a presença dos fenômenos ondulatórios em nosso cotidiano. Inicia com a definição de onda e dá exemplos que facilitam o entendimento. Ademais, também por meio de imagens, descreve os tipos de ondas mecânicas, eletromagnéticas, transversais, longitudinais, unidimensionais e bidimensionais.

- EQUAÇÃO fundamental da ondulatória. 7 min. **Brasil Escola**, 2 out. 2017. Disponível em: <https://www.youtube.com/watch?v=Hz8pVO7fUW0>. Acesso em: 10 jun. 2021.
Com exemplos, esse vídeo apresenta a equação que determina a velocidade das ondas e demonstra como calcular a velocidade da luz e do som, o que permite constatar que as ondas têm velocidade constante.

Óptica

3

Conteúdos do capítulo:

- História, modelos e conceitos fundamentais da óptica.
- Sombras.
- Espelhos planos.
- Refração, reflexão e tecnologias que as empregam.
- Problemas físicos relacionados à refração e à reflexão.

Após o estudo deste capítulo, você será capaz de:

1. conceituar luz e explicar sua dualidade (onda ou partícula);
2. identificar a equação que rege a lei de Snell;
3. descrever os fenômenos relacionados à luz.

É muito provável que você já tenha se questionado por que as coisas têm determinadas cores. Por que o céu é azul? Por que as folhas são verdes? A explicação científica para isso provém de uma área da física chamada *óptica*.

A óptica explana o comportamento da luz, de que maneira o olho humano percebe seu entorno, bem como o funcionamento de telescópios, microscópios, câmeras, entre outros equipamentos modernos. É comum ouvir, também, que se trata da ciência encarregada do estudo da luz.

Embora nem sempre percebamos, a luz apresenta comportamentos comumente desconcertantes de acordo com o contexto. Algumas vezes, age de forma similar a uma onda eletromagnética; em outras, atua como uma partícula. Para compreender esses comportamentos, é preciso, a princípio, definir *luz* e *óptica* (ou *ótica*, dependendo da bibliografia) e, em seguida, examinar os três modelos que descreveremos neste capítulo.

Além desses tópicos, comentaremos experiências de pesquisas que descobriram a natureza da luz visível e veremos que a óptica divide-se em três áreas: ondulatória, quântica e geométrica (que caracteriza a luz como raios) – a esta última daremos especial enfoque.

Provavelmente, você já contemplou um arco-íris e se observou em algum tipo de espelho que o fez parecer muito pequeno ou gigante. Esses são alguns dos fenômenos – entre eles estão a reflexão e a refração da luz, cujo estudo desconsidera os efeitos ondulatórios desta, já que são insignificantes em relação ao sistema físico – elucidados pela óptica geométrica.

3.1 Breve história da óptica

Como mencionado, a óptica é a área da física incumbida de investigar o comportamento da luz e fenômenos associados (Knight, 2009b; Hewitt, 2015). Por isso, os conceitos de óptica e luz estão intimamente relacionados, de forma que estudar um implica, simultaneamente, fazer o mesmo com o outro.

De acordo com Young e Freedman (2009), no século XVII, o físico Isaac Newton defendeu que a luz que emite uma fonte é constituída por feixes de pequenas partículas, que ele chamava de *corpúsculos*. Paralelamente, Galileu Galilei e Robert Hooke (o mesmo da lei de Hooke), com outros cientistas, foram partidários da ideia de que a luz tinha uma natureza ondulatória.

Embora ambos os lados tenham defendido energicamente suas teorias, o argumento do Newton acabou por prevalecer. Ele fundamentou sua perspectiva em conceitos matemáticos, afirmando que a luz sempre realiza um movimento retilíneo uniforme (MRU), o que foi refutado apenas no século XIX (Knight, 2009b).

O físico realizou alguns experimentos para demonstrar sua tese. Por exemplo, em uma piscina, quando a água está calma e logo é formada uma onda, esta se desloca na superfície líquida. Essa onda deve, então, atravessar uma barreira com uma pequena abertura, como ilustrado a seguir.

Figura 3.1 – Ondas propagando-se, à semelhança de ondas eletromagnéticas, na superfície da água

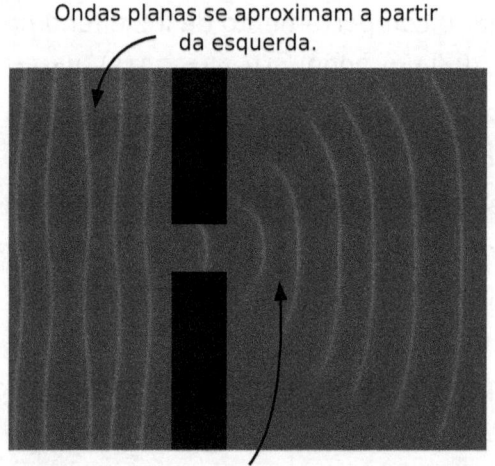

Ondas planas se aproximam a partir da esquerda.

Ondas circulares se propagam para a direita.

Fonte: Knight, 2009b, p. 671.

Na Figura 3.1, é possível verificar como uma onda mecânica se desloca sobre a superfície da água, da esquerda para a direita. As ondas mecânicas assumem a forma de circunferências e, após atravessarem a abertura da barreira, a de arcos semicirculares, conhecidos como *difração da onda*. Para Newton, essa difração era similar ao comportamento das ondas eletromagnéticas, o que não era constatado em experimentos com a luz (Knight, 2009b).

O cientista também conduziu outra experiência – parecida com a apresentada na imagem adiante –, dessa vez com a luz solar, pois acreditava que esta exibia o mesmo comportamento das partículas.

Figura 3.2 – Partículas realizam um MRU e exibem bordas nítidas, que definem perfeitamente a abertura de passagem

Um feixe de luz solar apresenta uma borda nítida.

Fonte: Knight, 2009, p. 671.

Com base nesse ensaio, no qual não é possível observar arcos semicirculares nem arcos de luz, Newton reiterou que a luz se comporta como partícula, e não como onda (Knight, 2009b).

Em 1801, o físico inglês Thomas Young anunciou que tinha executado uma interferência entre dois feixes luminosos, a fim de verificar o comportamento das ondas eletromagnéticas. Entretanto, ele questionou: Se a luz tem forma de onda, de que maneira ela se comporta realmente? O que ondula? (Knight, 2009b).

Um pouco mais tarde, em 1873, James Maxwell calculou a velocidade da luz e defendeu a existência de ondas eletromagnéticas a ela associadas, de forma que a luz seria apenas uma pequena porção de um espectro eletromagnético maior (Knight, 2009b).

Essa perspectiva perdurou por mais algum tempo, até o início dos 1900, quando o então desconhecido físico Albert Einstein apresentou o conceito de efeito fotoelétrico, utilizado até hoje. Segundo o físico, há ocasiões em que a luz se comporta como onda e outras em que se comporta como partícula.

Essas partículas de luz com características eletromagnéticas logo ficaram conhecidas como *fótons*. Essa nova abordagem trouxe consigo o final da física clássica e o início da nova era da física, a física quântica, marcando a análise e a compreensão da luz com base em vários modelos (Knight, 2009b). Na sequência, detalharemos três deles.

3.2 Modelos da óptica

De acordo com Knight (2009b), a luz é o camaleão no âmbito da física clássica. Isso é dito porque, em determinadas situações, ela atua como partícula, realizando MRU, ao passo que, em outras, comporta-se como onda, de forma similar às ondas mecânicas produzidas pelo som ou às ondas na água (Figura 3.1). Além disso, a luz pode ou não exibir características nem de partícula nem de onda, ou apresentar propriedades de ambas simultaneamente. Dessa forma, para que seu comportamento seja compreendido plenamente, são utilizados modelos de luz, que englobam todas essas condutas.

Neste capítulo, versaremos sobre três modelos, as situações em que ocorrem e suas diferenças básicas. São eles:

1. Modelo ondulatório;
2. Modelo de raio;
3. Modelo de fótons.

3.2.1 Modelo ondulatório

Esse modelo é um dos mais aplicáveis e o mais popular, já que a luz visível responde a uma pequena faixa do espectro eletromagnético. Com base nele, os aparelhos eletro-ópticos modernos, como *lasers* e microscópios eletrônicos, são modelados mais facilmente.

O estudo da luz, quando concebida como onda, é denominado *óptica ondulatória* (Knight, 2009b), daí o nome do referido modelo.

Preste atenção!

A velocidade da luz pode ser representada como $v = 3 \times 10^8$ m/s, também conhecida como $c = 2,99792458 \times 10^8$ m/s (elas diferem-se apenas por suas frequências). Existem ondas eletromagnéticas de algumas frações de hertz (Hz) até milhares de gigahertz (GHz).

Nesse sentido, o espectro eletromagnético é assim segmentado: raios gama, raios X, ultravioleta, espectro visível, infravermelho, raios T, micro-ondas e ondas de rádio. O espectro visível tem uma faixa de 400 terahertz (THz) – vermelho extremo – até 750 THz – violeta extremo. A luz visível compõe, assim, menos de 1 milionésimo de 1% do espectro eletromagnético medido.

Segundo Young e Freedman (2009), a frente de uma onda é o lugar geométrico de todos os pontos adjacentes que descrevem as mesmas frequência e fase de vibração de determinada grandeza física relacionada a uma onda. Em outras palavras, em qualquer momento, os pontos de uma frente de onda estão sincronizados com a vibração. Um exemplo, mencionado anteriormente, são aquelas ondas formadas quando soltamos uma pedra em uma piscina calma. Ao fazer isso, podemos observar os círculos se expandirem desde o centro, formando cristas de ondas. As ondas sonoras se comportam da mesma maneira, mas no espaço tridimensional. Elas se espalham uniformemente em todas as direções quando o ar está em repouso e homogêneo, uma atuação semelhante à das ondas eletromagnéticas no vácuo, como é o caso de ondas de rádio emitidas por uma antena monopolo situada em uma torre muito alta.

Pense em uma fonte de ondas puntiforme, como uma emissora de rádio ou uma fonte sonora. Para qualquer um dos casos, existirá uma frente de onda tridimensional concêntrica, cujo centro será a fonte emissora, como ilustrado na Figura 3.3.

Figura 3.3 – Emissão de ondas

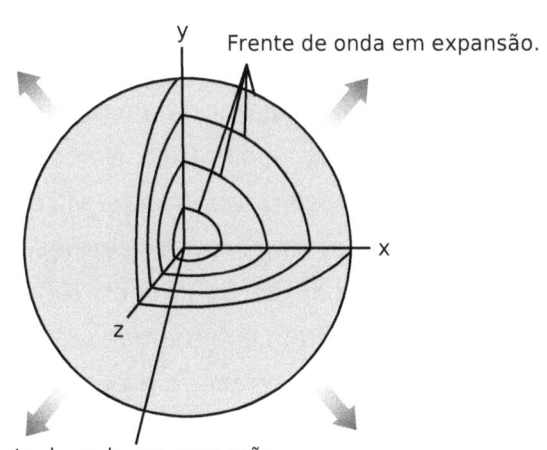

Frente de onda em expansão.
Fonte sonora puntiforme produzindo ondas sonoras esféricas (alternando compressões e expansões de ar).

Fonte: Young; Freedman, 2009, p. 3.

Na imagem, as ondas se expandem em todas as direções, estão uniformemente espaçadas e sua frente (representada por cristas de pressão) é perpendicular à direção de deslocamento, o que é característico das ondas. Essas cristas apresentam a máxima pressão barométrica do ar em expansão. No caso das já citadas ondas eletromagnéticas, também seria possível observar cristas de máximos valores de intensidade eletromagnética (Young; Freedman, 2009).

3.2.2 Modelo do raio

Newton argumentou que a luz se desloca em linhas retas, cujas trajetórias são até hoje denominadas *raios luminosos*. Para ele, esses raios eram as trajetórias dos crepúsculos, definidas como pequenas partículas de luz.

Essa modelagem é interessante para se compreender o funcionamento e as propriedades de lentes, espelhos e prismas, analisadas a partir de um raio ou feixe de luz, que é a base da óptica geométrica. No entanto, dificulta conciliar a noção de luz comportando-se como partícula e como onda, já que, em diversas ocasiões, cada modelo restringe-se a certa aplicação (Knight, 2009).

De acordo com Young e Freedman (2009), a maneira mais conveniente de descrever a propagação da luz, de forma geral, é por meio de um raio, em vez de uma frente de onda. Essa representação foi utilizada muito antes de a teoria ondulatória da luz ser estabelecida.

Se comparado com a teoria ondulatória, nesse modelo, um raio é uma linha reta e imaginária da direção de propagação da onda de luz, como visto na figura a seguir.

Figura 3.4 – Frentes de ondas e raios de luz: (a) frentes de onda e raios próximos da fonte; (b) frentes de onda e raios muito afastados da fonte

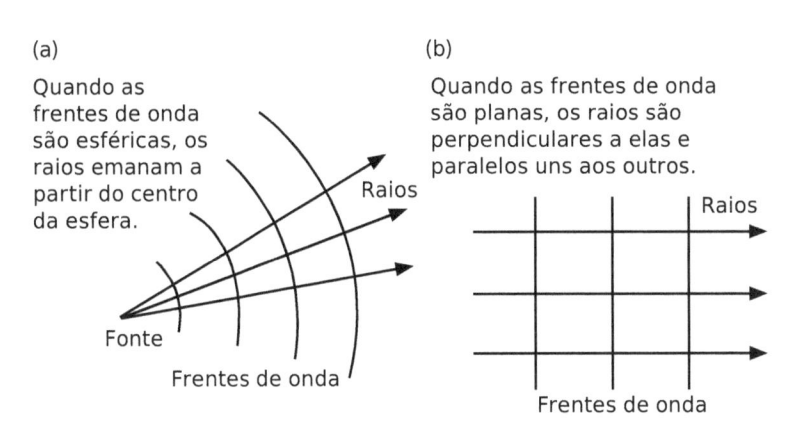

(a) Quando as frentes de onda são esféricas, os raios emanam a partir do centro da esfera.

Raios

Fonte

Frentes de onda

(b) Quando as frentes de onda são planas, os raios são perpendiculares a elas e paralelos uns aos outros.

Raios

Frentes de onda

Fonte: Young; Freedman, 2009, p. 3.

No item (a), os raios estão representados por linhas retas, provenientes da mesma fonte emissora das ondas. Note que eles sempre indicam a direção de deslocamento dessas ondas e, portanto, sempre são perpendiculares a elas. Isso é mais evidente quando se analisa uma região muito afastada da fonte, como é o caso do item (b).

Dependendo do meio no qual as ondas se deslocam, sua velocidade pode variar, mas os raios sempre vão descrever um movimento retilíneo (Young; Freedman, 2009).

3.2.3 Modelo de fótons

Como os modelos de raios e de ondas não eram apropriados para explicar todos os efeitos da luz, um terceiro modelo foi proposto: o de fótons. Atualmente, ele é o mais amplamente abordado dentro da física quântica. Nessa perspectiva, a luz não tem comportamento de onda nem de partícula, e sim de ambas, isto é, é tratada como fótons e exibe propriedades similares às de ondas e partículas (Knight, 2009b).

Na sequência, discorreremos sobre algumas experiências nesse âmbito e o funcionamento da luz em diferentes aplicações de nosso dia a dia.

3.3 Experimentos e pesquisas sobre a natureza da luz

James Clerk Maxwell foi um dos físicos e cientistas precursores e mais renomados no estudo da natureza da luz e da teoria e formulação de movimento das ondas eletromagnéticas (Hewitt, 2015).

A seguir, do ponto de vista da física, veremos o que são as ondas eletromagnéticas e como se relacionam com os materiais opacos e transparentes e as sombras de objetos.

3.3.1 Ondas eletromagnéticas

Como afirmamos, quando se movimenta uma vareta em uma piscina ou um lago calmo, produzem-se ondas mecânicas na superfície líquida. Analogamente, Maxwell afirmou que, quando se desloca uma vareta eletricamente carregada no vácuo, ela gera ondas no espaço. Os campos elétricos e magnéticos associados a esses movimentos regeneram-se mutuamente e resultam no que conhecemos como *onda eletromagnética* (Figura 3.5), cuja origem (ou fonte de emissão) são as cargas elétricas vibrantes (Hewitt, 2015).

Figura 3.5 – Onda eletromagnética: onda elétrica e onda magnética pertencentes a planos distintos

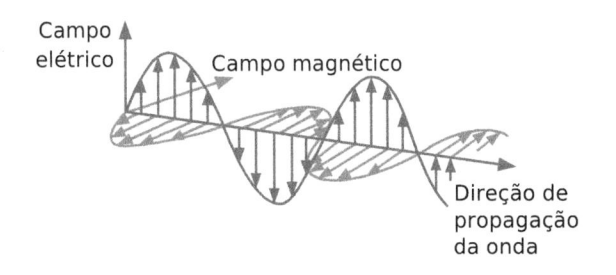

Fonte: Hewitt, 2015, p. 488.

Na ilustração, as ondas elétricas e magnéticas são perpendiculares entre si e, portanto, estão em planos diferentes. Ainda, é importante ressaltar que o máximo da onda elétrica e da onda magnética acontece no mesmo instante de tempo, o que gera a frente de onda, de que já tratamos. Logo, ambas as ondas, necessariamente, devem apresentar as mesmas frequência e fase para formar uma onda eletromagnética.

Diferentemente das ondas mecânicas, as eletromagnéticas podem se propagar no espaço vazio, sem a necessidade de um meio para se movimentar e sem alterações em sua velocidade. Ademais, apresentam a mesma velocidade de deslocamento tanto no vácuo quanto no ar. Isso se deve ao fato de que, se a velocidade diminuísse, o campo elétrico seria menos intenso, gerando um campo magnético mais fraco, de modo que a onda eletromagnética logo se extinguiria. Sua velocidade também não poderia aumentar, pois essa elevação estaria associada a um aumento da intensidade dessas ondas, o que claramente viola o princípio da conservação de energia (Hewitt, 2015).

Preste atenção!

A velocidade da luz (c) não é constante em todos os meios físicos em que é transparente, mas é praticamente a mesma no vácuo e no ar. Por exemplo, a velocidade no vidro é de 0,76 c; na água, de 0,75 c; e no diamante, de 0,41 c.

Com base em cálculos, Maxwell alegou que a luz, assim como as ondas eletromagnéticas, movimenta-se a uma velocidade constante de 300.000 quilômetros por segundo. Apenas nessa velocidade a indução mútua entre os campos elétrico e magnético ocorre indefinidamente, sem perdas ou ganhos de energia.

Dessa maneira, o físico entendeu que fez uma grande descoberta na física e definiu, ainda, a luz visível como uma pequena faixa no espectro eletromagnético, cuja frequência vai de 4×10^{14} até $7,5 \times 10^{14}$ Hz. Os comprimentos de onda associados a essa frequência ativam os receptores que existem na retina do olho humano. Assim, as mais baixas frequências aparecem como vermelho, ao passo que as altas emergem como violeta (Hewitt, 2015).

Veja, na Figura 3.6, qual é o comprimento de onda aproximado de cada cor.

Figura 3.6 – Espectro da luz visível em função do comprimento de onda

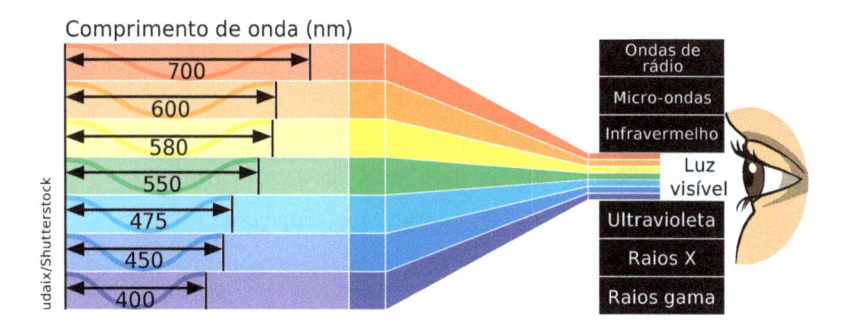

Na ilustração, as cores estão atreladas a seu comprimento de onda, calculado por $\lambda = v/f$, em que λ é o comprimento da onda em metros, *v* é a velocidade

em metros por segundo, e *f* é a frequência em hertz. Para esse cálculo, pode-se usar $v = c = 3 \times 10^8$ m/s, que é o valor aproximado da velocidade da luz.

Materiais transparentes

De acordo com Hewitt (2015), quando a luz é transmitida e incide em um objeto ou uma superfície, alguns elétrons desse objeto são forçados a oscilar. Dependendo da composição do material receptor, a incidência da luz o faz responder com uma vibração a determinada frequência, geralmente associada a frequências do espectro visível da luz.

Dessa forma, se o material é azul, todas as frequências da onda eletromagnética são absorvidas, exceto a correspondente à cor azul, que reflete essa onda mediante a vibração dos elétrons da matéria. Materiais de cor branca, por outro lado, refletem todas as frequências do espectro de luz visível, enquanto materiais de cor preta absorvem quase todos os valores de frequência, de forma que sua reflexão é mínima (por isso sua cor escura).

Assim, materiais de cor preta absorvem a maioria das ondas eletromagnéticas e as transformam em energia interna (por essa razão, esquentam mais que os de outras cores), caso em que a vibração dos elétrons (e, portanto, sua reflexão) é muito baixa. Essa vibração é possível devido ao fato de que os elétrons da matéria têm uma massa muito pequena.

Já materiais como o vidro ou a água não absorvem as ondas eletromagnéticas no espectro visível nem respondem diante delas; então, a luz normalmente os atravessa em linha reta. Em razão desse interessante efeito, diz-se que, no espectro visível da luz, eles são *transparentes*.

Verifique, na Figura 3.7, que os átomos de determinado material podem ser modelados mediante um sistema massa-mola. Esse sistema, em que a massa é o elétron, pode entrar em ressonância para alguma frequência, mas não para outras. No caso de materiais transparentes, o espectro da luz visível não produz ressonância nesses átomos: eles não assimilam a onda eletromagnética, que os atravessa livremente. Isso permite a observação através do vidro, da água e de outros materiais transparentes.

Figura 3.7 – Modelo de um átomo para a luz composto por um sistema massa-mola

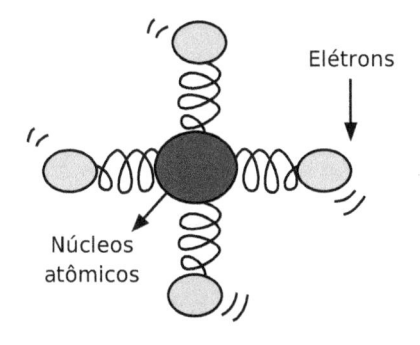

Fonte: Hewitt, 2015, p. 491.

Os elétrons do átomo do vidro têm uma frequência natural de ressonância situada na faixa da luz ultravioleta, fazendo esse material não ser transparente para tais comprimentos de onda, mas o ser para o espectro da luz visível (Hewitt, 2015). Confira uma representação desse fato na Figura 3.8.

Figura 3.8 – Vidro absorvente das luzes ultravioleta e infravermelha e transparente para a luz visível

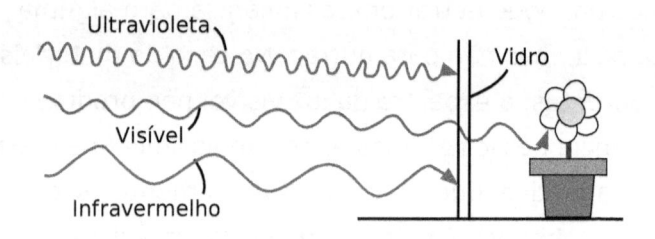

Fonte: Hewitt, 2015, p. 492.

Nesse caso, não somente a luz ultravioleta faz os elétrons dos átomos do vidro entrarem em ressonância, mas também a luz infravermelha. Essa ressonância aumenta a energia interna do material e, por consequência, sua temperatura. As ondas infravermelhas, por sua vez, produzem grandes vibrações em toda a estrutura atômica do vidro e em quase todos os diferentes tipos de materiais, absorvendo, assim, energia e elevando sua temperatura. Devido a isso, as ondas infravermelhas também são chamadas de *ondas de calor*. Logo, podemos afirmar que o vidro é transparente para o espectro de luz visível, mas não o é para as ondas infravermelhas e ultravioletas (Hewitt, 2015).

Materiais opacos

De acordo com Hewitt (2015), a maioria dos objetos é opaca, ou seja, emite pouco brilho quando exposta a uma onda eletromagnética, principalmente no espectro visível. Desse modo, quando a luz visível atinge determinado material, seus átomos vibram a uma frequência específica e transmitem essa energia, que foi entregue pela luz, às moléculas dele. Essa energia cinética dos átomos é, então, transformada em energia interna do material, razão por que este esquenta ligeiramente.

De forma geral, podemos dizer que os materiais metálicos são brilhantes. Isso porque têm maior quantidade de elétrons livres na última camada do átomo e podem se movimentar facilmente (o mesmo efeito que permite a circulação de uma corrente elétrica nos metais). Assim, quando a luz incide sobre a superfície metálica, os elétrons vibram, mas não transferem (ou transferem muito pouca) energia para os átomos do material, a qual é, nesse caso, refletida (Hewitt, 2015).

Preste atenção!

Você já percebeu que, quando estão secas, as superfícies dos materiais brilham mais do que quando molhadas? Isso se deve ao fato de que, no plano seco, a luz reflete diretamente sobre nossos olhos, ao passo que, no plano úmido, o faz dentro da pequena camada molhada e transparente antes de alcançar nossa visão. Portanto, a cada reflexão da luz, esta acaba sendo retornada à superfície molhada, sendo mais absorvida, de forma que a superfície aparenta ser mais escura.

Sombras

Quando um objeto fica exposto à luz do Sol, os feixes de luz em linha reta interceptam-no e projetam uma sombra. A sombra é uma região não alcançada pelos raios de luz. Se o objeto está próximo dela, suas bordas na projeção são nítidas porque a fonte emissora de luz encontra-se muito distante. Bordas bem-definidas, por outro lado, são geradas quando a fonte de luz é pontual e está próxima, ou mesmo quando é grande (como no caso do Sol), mas muito distante. Já no caso de uma fonte de luz grande e próxima, verificam-se bordas difusas ou pouco nítidas (Hewitt, 2015), como na Figura 3.9.

Figura 3.9 – Sombras nítidas e menos definidas em razão do tamanho e da proximidade da fonte de luz

Fonte: Hewitt, 2015, p. 494.

Na imagem, dois tipos de sombras são projetados: um mais difuso e outro mais definido. A sombra difusa resulta de uma fonte de luz relativamente grande (ou seja, não é um ponto de luz). Nesse caso, há duas partes bem-delineadas: a borda da sombra, que é mais clara ou difusa, e sua parte interna, que é mais escura. Na física, a parte mais clara é conhecida como *penumbra*, enquanto a parte mais escura é chamada de *umbra*.

A penumbra é a área de projeção em que a luz de uma fonte extensa foi bloqueada parcialmente, sendo alcançada por uns poucos raios dessa emissora (Hewitt, 2015). Um bom exemplo de umbra e penumbra é observado em um evento natural: o eclipse solar.

A umbra corresponde às regiões onde o eclipse é total, e a escuridão durante o dia nesses locais é muito evidente. Já a penumbra equivale a um eclipse parcial, pois uma fração do Sol continua visível, geralmente em formato de "meia-lua" (Hewitt, 2015). Esse acontecimento está ilustrado na Figura 3.10.

Figura 3.10 – Eclipse solar e efeito de sombra: umbra e penumbra

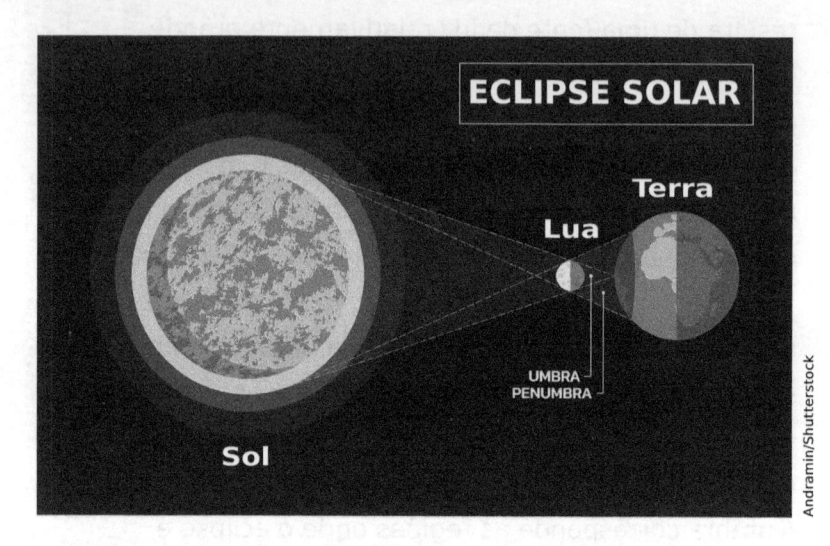

![Eclipse solar mostrando Sol, Lua e Terra com as regiões de umbra e penumbra indicadas]

Andramin/Shutterstock

Quando acontece um eclipse solar total, todos os observadores se encontram em uma região de umbra (menor região interna dentro da sombra), que geralmente é bem pequena se comparada com toda a sombra. A penumbra, por sua vez, engloba uma região maior, e provavelmente muitas pessoas já vivenciaram um eclipse solar parcial. No entanto, a maioria das pessoas na Terra não observou qualquer eclipse solar (Hewitt, 2015).

💬 *Perguntas & respostas*

O que se pode afirmar acerca da frequência de uma onda eletromagnética?

A frequência de uma onda eletromagnética é inversamente proporcional a seu comprimento de onda, como mostrado na equação que relaciona essas grandezas.

3.4 Conceitos fundamentais

Um **raio de luz** é uma simplificação extrema do comportamento de um feixe de luz e sempre segue uma trajetória retilínea, a menos que seja interceptado por um objeto ou uma matéria, fato que o faz mudar de sentido ou ser absorvido. Quando ele interage com um objeto ou matéria, podem acontecer os efeitos apresentados na Figura 3.11.

Figura 3.11 – Interação da luz com a matéria

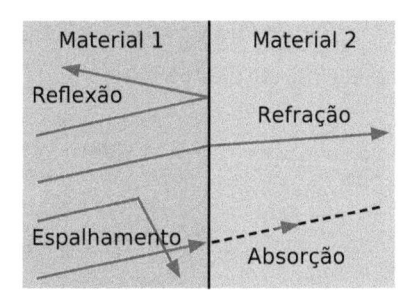

Material 1	Material 2
Reflexão	Refração
Espalhamento	Absorção

Fonte: Knight, 2009, p. 701.

Nesse caso, verifica-se que:

- Se incide em uma superfície composta por dois tipos de materiais, a luz pode ser refletida ou refratada;
- Se incide em um único material, a luz pode ser espalhada ou absorvida.

A seguir, discutiremos os efeitos dos fenômenos de refração e reflexão da luz.

3.4.1 Reflexão da luz

De acordo com Hewitt (2015), quando a luz incide na superfície de um material, ela pode ser absorvida, esquentando-o, ou reemitida sem alterações de frequência. Quando a luz retorna ao meio de onde veio, tem-se um processo de reflexão. A reflexão pode ser mais bem compreendida com base no princípio de Fermat, também conhecido como *princípio de Fermat do mínimo tempo*. Veja a imagem adiante.

Figura 3.12 – Reflexão da luz e princípio de Fermat: (a) dois pontos para ir de A até B; (b) trajetórias possíveis; (c) menor distância entre A e B e o ponto B' virtual

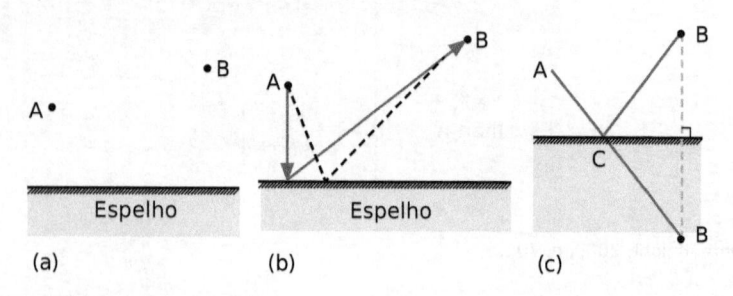

Fonte: Hewitt, 2015, p. 520-521.

De acordo com o princípio de Fermat e observando o item (a), a luz deve ir do ponto A ao ponto B, mas refletir, obrigatoriamente, no espelho. Embora possam existir vários caminhos, somente um é o mais rápido, como verificado no item (b). Observe que a luz se desloca em velocidade constante; logo, pode-se definir que o mínimo tempo é a menor distância entre os pontos A e B, necessariamente incidindo no espelho.

Mas em qual ponto do espelho a luz deve incidir para que essa distância seja a menor possível? Conforme o item (c), pode-se encontrá-lo com o auxílio da geometria. Determina-se um ponto artificial B' de forma que a distância do ponto B ou B' até a borda do espelho seja a mesma e sempre em uma linha perpendicular à superfície desse objeto. Dessa forma, o ponto C, que é o ponto de incidência no espelho, pode ser obtido pela intersecção entre o ponto A e B' com uma linha reta, e o ponto C é o lugar geométrico em que a reta intercepta o plano do espelho (Hewitt, 2015).

Lei de reflexão

A lei da reflexão da luz está ilustrada na Figura 3.13 e foi assim enunciada por Fermat (Hewitt, 2015):

O ângulo de incidência é sempre igual ao ângulo de reflexão.

Figura 3.13 – Lei da reflexão da luz

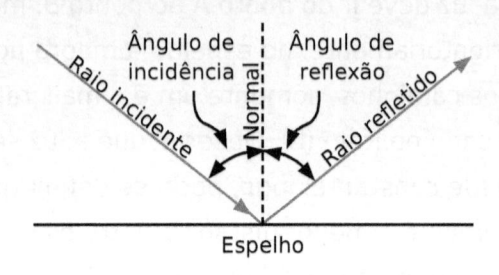

[Figura: diagrama mostrando Raio incidente e Raio refletido com Ângulo de incidência e Ângulo de reflexão em relação à Normal, sobre um Espelho]

Fonte: Hewitt, 2015, p. 521.

Como demonstra a imagem, quando um raio é refletido em uma superfície plana similar a um espelho, o ângulo de incidência (θi) é sempre igual ao ângulo de reflexão (θr). Da mesma maneira, esses ângulos são medidos a partir de uma linha imaginária perpendicular ao plano, conhecida como *linha normal* (ou, simplesmente, *normal*), e os ângulos θi e θr são calculados em relação à normal. Veja, ainda, que o raio incidente e o raio refletido pertencem ao mesmo plano. Esse tipo de reflexão é conhecido como *reflexão especular*, frequentemente produzido por espelhos com superfícies lisas (Hewitt, 2015; Knight, 2009b).

3.4.2 Espelhos planos

Suponha que haja uma vela na frente de um espelho plano e que os raios de luz estejam sendo emitidos em todas as direções, como na Figura 3.14.

Figura 3.14 – Objeto e imagem à mesma distância do plano do espelho

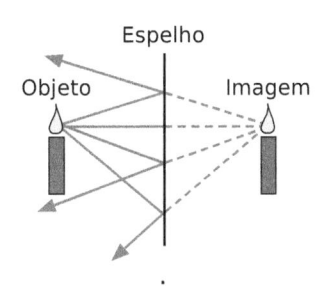

Fonte: Hewitt, 2015, p. 522.

Note que, embora haja um número infinito de raios saindo da vela, são indicados somente quatro, os quais incidem sobre o espelho e logo divergem em várias direções. Utilizando-se uma linha auxiliar tracejada à direita do espelho, verifica-se que os raios divergentes se unem em um ponto e geram uma imagem, de forma que o observador enxerga que o espelho está à mesma distância do objeto e da imagem.

Pode-se perceber que a imagem e objeto têm o mesmo tamanho: não houve ampliação ou redução da imagem em relação ao objeto, uma característica particular dos espelhos planos. Além disso, a imagem criada está à direita do plano do espelho. Vale ressaltar que, nos espelhos curvos, os objetos e as imagens não apresentam o mesmo tamanho, bem como podem ou não gerar imagens no lado direito do plano. No entanto, a lei da reflexão é válida para ambos os tipos de espelhos (Hewitt, 2015; Knight, 2009b).

Exemplificando

Se você se observar em um espelho a uma distância de 3 m, você (ou melhor, sua imagem) parecerá estar a 6 m. É como se você estivesse a 3 m de uma janela e seu irmão gêmeo estivesse a 3 m da mesma janela, mas do outro lado.

3.4.3 Reflexão difusa

A maioria dos objetos não é reflexiva, por isso a enxergamos. De acordo com Knight (2009b), a lei de reflexão ($\theta i = \theta r$) também é atendida em todos os pontos; porém, devido às irregularidades da superfície, os raios são refletidos em direções aleatórias. A Figura 3.15 traz um caso clássico de reflexão difusa.

Figura 3.15 – Superfície irregular amplificada

Cada raio obedece à lei da reflexão neste ponto, mas a superfície irregular faz com que os raios refletidos saiam em diversas direções aleatórias.

Vista ampliada da superfície

Fonte: Knight, 2009b, p. 704.

É dessa forma que observamos os objetos ao nosso redor, sendo esse tipo de reflexão muito mais frequente do que a reflexão de espelhos (Knight, 2009b). Ainda, é importante destacar que não existem superfícies exatamente lisas, pois, em nível atômico, isso não é possível. No entanto, Knight (2009b) explana que qualquer superfície com irregularidades ou arranhões maiores do que 1 μm (micrômetro) causam reflexão difusa em vez de reflexão especular. Assim, um papel – mesmo que, ao tato, seja uma superfície suave –, em nível microscópico, contém fibras que configuram uma superfície com irregularidades maiores do que 1 μm. O próprio vidro ou um metal bem-polido (polimento ao espelho) apresentam irregularidades, mas em padrões muito menores do que 1 μm, razão por que formam superfícies reflexivas especulares.

3.4.4 Refração da luz

De acordo com Knight (2009b), quando um raio de luz incide sobre a superfície regular ou suave entre dois materiais transparentes (como o ar ou o vidro), acontecem dois fenômenos:

1. uma fração da luz que incide na superfície do material é refletida (lei de reflexão), como as fontes de água ou vidreiras;
2. uma fração da luz incidida continua sua trajetória no segundo material, ou seja, ela é "transmitida" em

vez de refletida, e esse raio de luz tem sua direção alterada após atravessar a superfície do material.

Essa alteração da direção do raio que ocorre quando a luz passa de um meio a outro é conhecida como *refração*. Isso pode ser observado na Figura 3.16, em que grande parte do raio é refratada, mas pequenos feixes são refletidos.

Figura 3.16 – Feixe de luz incide sobre um prisma

Mila Drumeva/Shutterstock

Quando um feixe de luz atravessa o prisma de vidro, ele entra e sai deste, mas sua direção muda durante esse processo. Para melhor entendermos a refração, desconsideremos a reflexão fraca dos objetos transparentes (Knight, 2009b). Assim como nesse exemplo, imaginemos um feixe de luz composto por uma quantidade infinita de raios incindindo na superfície. No entanto, para a análise da refração da luz, consideremos somente um raio luminoso, como no diagrama de raios da Figura 3.17.

Figura 3.17 – Análise da refração de raios de luz

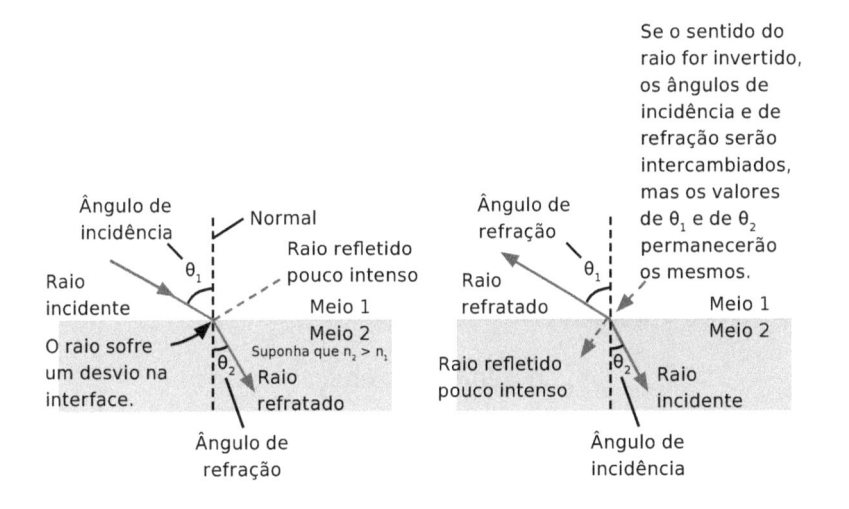

Ângulo de incidência
Raio incidente
O raio sofre um desvio na interface.
Normal
Raio refletido pouco intenso
Meio 1
Meio 2
Suponha que $n_2 > n_1$
Raio refratado
θ_1
θ_2
Ângulo de refração

Ângulo de refração
Raio refratado
Raio refletido pouco intenso
Meio 1
Meio 2
Raio incidente
θ_1
θ_2
Ângulo de incidência

Se o sentido do raio for invertido, os ângulos de incidência e de refração serão intercambiados, mas os valores de θ_1 e de θ_2 permanecerão os mesmos.

Fonte: Knight, 2009b, p. 706.

No item (a), um único raio de luz incide e entra na superfície de dois materiais, passando de um meio 1 a um meio 2, que concernem a materiais transparentes diferentes (como água, éter, ar, vidro, entre outros). Perceba que θ_1 é o ângulo de incidência do raio no meio 1 e que θ_2 é o ângulo do mesmo raio, mas no meio 2, conhecido como *ângulo de refração*. Os ângulos de incidência e refração sempre se referem ao sentido de movimento do raio, se é entrante (incidente) ou saliente (refração).

No item (b) da figura anterior, θ_2 é o ângulo incidente, e θ_1 é o ângulo de refração, pois o raio se propaga em sentido oposto; mesmo assim, os ângulos não mudaram (Hewitt, 2015; Knight, 2009b). De acordo com Knight (2009b), a lei de refração, também conhecida como *lei de Snell*, relaciona o grau de refração de um raio quando passa de um meio 1 para um meio 2, de acordo com seus respectivos índices de refração e os ângulos que descrevem em cada meio, sem especificar quem é o ângulo incidente ou refratado.

A lei de Snell pode ser escrita matematicamente conforme a equação:

$$n_1 \operatorname{sen}\theta_1 = n_2 \operatorname{sen}\theta_2$$

Índice de refração

Segundo a lei de Snell, o índice de refração depende do material em que a luz se movimenta e, mais especificamente, de dois fatores: (1) velocidade da luz (c); e (2) valor da velocidade com que a luz se movimenta nesse meio, de acordo com a seguinte equação:

$$n = \frac{c}{v_{meio}}$$

Note que a velocidade da luz é uma constante, cujo valor é de $c = 2{,}99792458 \times 10^8$ m/s. No entanto, o valor de v_{meio} é o módulo da velocidade da luz no meio e depende do tipo de material, pois a luz não assume a mesma velocidade em diferentes meios (Knight, 2009b). O índice de refração corresponde sempre a um valor n > 1, a não ser no vácuo, em que n = 1. A Tabela 3.1 elenca diversos valores de índices de refração para diferentes materiais transparentes.

Tabela 3.1 – Índices de refração de diferentes meios ou materiais

Meio	n
Vácuo	exatamente 1,00
Ar (real)	1,0003
Ar (aceito)	1,00
Água	1,33
Álcool etílico	1,36
Óleo	1,46
Vidro (comum)	1,50
Plástico poliestireno	1,59
Zircônio cúbico	2,18
Diamante	2,41
Silício (no infravermelho)	3,50

Fonte: Knight, 2009b, p. 707.

Até o momento, versamos sobre os conceitos de reflexão e refração da luz, como esses fenômenos são percebidos em nosso dia a dia e como se relacionam geométrica e matematicamente. Na próxima seção, examinaremos alguns exemplos desses processos.

3.5 Resolução de problemas físicos relacionados à refração e à reflexão

No âmbito da óptica geométrica, existem muitos fenômenos que podem ser explicados por conceitos associados à reflexão e à refração. A seguir, comentaremos alguns exemplos advindos da natureza e do cotidiano.

3.5.1 Miragens

É provável que você já esteja familiarizado com esse fenômeno, que acontece principalmente em dias quentes. Vemos miragens na rodovia, de forma que parece que a estrada está molhada, contudo, quando chegamos mais perto, a rodovia está seca. O mesmo acontece em desertos e longos espaços de terra ou areia quente.

De acordo com Hewitt (2015), esse efeito se deve ao fato de que o ar bem próximo à superfície é quente e, logo mais acima, é mais frio. Por estar em temperatura mais alta, seu índice de refração é diferente, e a luz se propaga mais rapidamente. Assim, a luz que vem do horizonte do céu, em vez de fazer trajetórias retilíneas, realiza uma pequena curvatura sobre a superfície quente antes de alcançar nossos olhos (Figura 3.18).

Figura 3.18 – Curvatura na trajetória dos raios

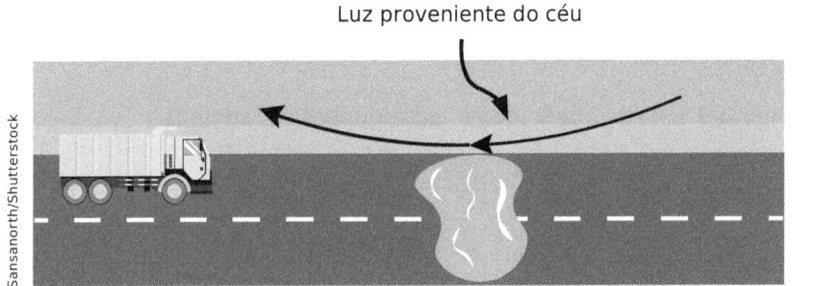

Luz proveniente do céu

Rodovia quente

Fonte: Hewitt, 2015, p. 527.

Como na imagem anterior, no lugar de uma estrada molhada, vê-se, de fato, o céu. Portanto, em oposição ao que muita gente pensa, a miragem não é uma ilusão mental; ela é real, mas não é água o que se observa (Hewitt, 2015). Esse efeito é verificado também em objetos quentes, como uma chapa, que exibe um efeito ondulante ou tremeluzente. Da mesma forma, pode-se explicar por que as estrelas "piscam": em razão do efeito análogo que ocorre na atmosfera da Terra, pelas pequenas variações de temperatura das camadas que a luz percorre até chegar aqui.

3.5.2 Reflexão interna total

Suponha que, em uma noite bem escura, você mergulhe em uma piscina e ligue uma lanterna, apontando diretamente para cima e, depois, inclinando-a levemente ao longo do tempo, como representado na Figura 3.19.

Figura 3.19 – Refração da luz para diferentes ângulos de incidência

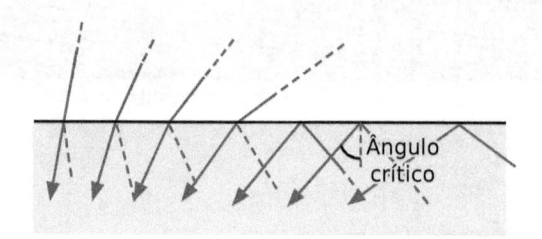

Fonte: Hewitt, 2015, p. 531.

Na ilustração, o ângulo de refração aumenta significativamente mais do que o ângulo de incidência do feixe de luz. Assim, de acordo com Hewitt (2015), para determinado ângulo, conhecido como *ângulo crítico*, verifica-se que o feixe luminoso já não atravessa a superfície da água, e sim é refletido. O ângulo crítico é o valor do ângulo mínimo de incidência, no qual a luz não atravessa a superfície, mas é refletida completamente. Nesse ângulo, a luz refletida segue uma trajetória tangencial à superfície da água.

Se você continuar aumentando o ângulo de inclinação da lanterna, ultrapassando o valor do ângulo crítico, verá que a luz refletirá totalmente e se dirigirá até o fundo da piscina, efeito conhecido como *reflexão interna total* (Figura 3.20).

Figura 3.20 – Fenômeno de refração e reflexão dos raios em função do ângulo de incidência

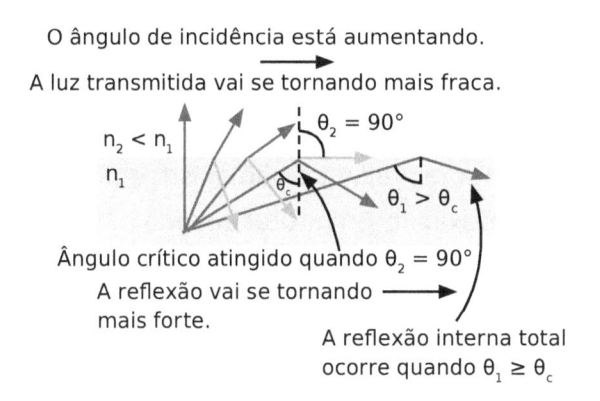

O ângulo de incidência está aumentando.
A luz transmitida vai se tornando mais fraca.

$n_2 < n_1$
n_1
$\theta_2 = 90°$
$\theta_1 > \theta_c$

Ângulo crítico atingido quando $\theta_2 = 90°$
A reflexão vai se tornando mais forte.
A reflexão interna total ocorre quando $\theta_1 \geq \theta_c$

Fonte: Knight, 2009, p. 710.

Podemos analisar o fenômeno anteriormente descrito como uma fonte de luz puntiforme, e a luz se encontra em um meio no qual o coeficiente de difração é de n_1 (no caso, a água). Já do outro lado da superfície, o meio 2 apresenta índice de refração de $n_2 < n_1$. Dessa forma, quando um raio de luz passa de um meio 1 para um meio 2, em que $n_2 < n_1$, os raios se afastam da normal, isto é, $\theta_2 > \theta_1$. De acordo com Knight (2009b), duas coisas acontecem quando se aumenta o ângulo θ_1:

1. o ângulo de refração se aproxima de 90°;
2. a energia luminosa transmitida fora da superfície (refratada) diminui, ao passo que a energia luminosa refletida aumenta. Portanto, o ângulo crítico é quando $\theta_2 = 90°$.

Aplicando a lei de Snell, temos a seguinte expressão:

$$\theta_c = \operatorname{sen}^{-1}\left(\frac{n_2}{n_1}\right)$$

Em que o valor de θ_c representa o ângulo crítico.

Qualquer ângulo acima de θ_c produziria uma reflexão interna total. Agora, veja que não existe qualquer ângulo crítico nem reflexão interna total quando $n_2 > n_1$.

Utilizando-se a lei de Snell e a equação anterior, constata-se que o ângulo crítico para o caso da Figura 3.20 (água e ar) é de $\theta_c = 48,75°$. Nesse caso, a luz se refrata sobre a superfície da água de forma horizontal, sendo que, em qualquer ângulo acima desse, a reflexão é total.

É importante notar que, sempre que um raio passa de um meio 1 com n_1 para um meio 2 com n_2, o raio refratado:

- quando $n_2 < n_1$, tende a se afastar da normal perpendicular à superfície de refração, e $\theta_2 > \theta_1$;
- quando $n_2 > n_1$, tende a se aproximar da normal perpendicular à superfície de refração, e $\theta_2 < \theta_1$.

Exercício resolvido

Um feixe de luz de um *laser* monocromático é desviado por um prisma, cujos ângulos são de 30°, 60° e 90°, respectivamente. Sabendo que um dos meios ópticos é o ar, calcule o índice de refração desse objeto e, considerando os valores da Tabela 3.1, assinale a alternativa correta:

a) Com o valor de n_1 = 1,59, o prisma corresponde a um material de plástico poliestireno.
b) Com o valor de n_1 = 2,59, o prisma corresponde a um material de plástico poliestireno.
c) Com o valor de n_1 = 1,99, o prisma corresponde a um material de plástico poliestireno.
d) Com o valor de n_1 = 3,09, o prisma corresponde a um material de plástico poliestireno.

A resposta correta é a **alternativa A**.

Observe que o ângulo de incidência θ_i = 0. Então, o feixe de luz é perpendicular à superfície do prisma, dentro do qual não existirá difração, o que não acontece quando o feixe de luz sai desse objeto. Portanto, é necessário calcular a difração dos raios de saída do prisma. Para tanto, utilizamos o modelo de raios e, na saída do prisma, indicamos a linha normal, que é perpendicular à superfície. Veja a figura adiante.

Figura 3.21 – Cálculo da difração de raios

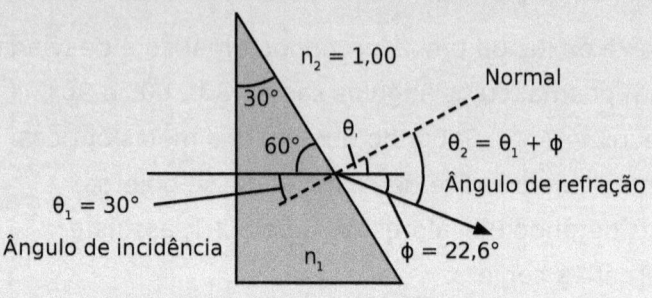

$n_2 = 1,00$
$30°$
$60°$
$\theta_1 = 30°$
Ângulo de incidência
n_1
Normal
$\theta_2 = \theta_1 + \varphi$
Ângulo de refração
$\varphi = 22,6°$

θ_1 e θ_2 são medidos a partir da normal.

Considerando essa imagem e o prisma como se fosse um triângulo, podemos observar que o ângulo de incidência do raio sobre a hipotenusa é de $\theta_1 = 30°$. O mesmo raio, que é refratado, sai da hipotenusa com um ângulo θ_2. Além disso, verificamos que o desvio é de $\varphi = \theta_2 - \theta_1 = 22,6°$. Dessa forma, o valor de $n_2 = 1$, $\theta_2 = 52,6°$.

Recorrendo à lei de Snell, podemos determinar o valor de n_1 da seguinte maneira:

$$n_1 = \frac{n_2 \operatorname{sen}\theta_2}{\operatorname{sen}\theta_1} = \frac{\operatorname{sen}(52,6°)}{\operatorname{sen}(30°)} = 1,59$$

Com o valor de $n_1 = 1,59$, checando a referida tabela, constatamos que o prisma corresponde a um material de plástico poliestireno.

3.6 Tecnologias que utilizam os fenômenos de refração e reflexão

Um estudo mais aprofundado da óptica geométrica promoveu o avanço na aplicação desses conceitos em novas tecnologias e, até mesmo, em novos equipamentos, o que melhorou nossa qualidade de vida. A seguir, entre uma enorme quantidade de aplicações, explicaremos a utilização da óptica geométrica em fibras ópticas.

3.6.1 Fibra óptica

Uma das aplicações tecnológicas mais interessantes do princípio de reflexão interna total é a fibra óptica. Nela a luz, necessariamente, deve ser injetada com um ângulo de incidência específico, que deve ser maior do que o ângulo crítico, de forma que não exista refração, somente reflexão interna. Assim, a luz é transportada através da fibra, que tem forma tubular, até chegar a seu destino, onde há um receptor que interpreta os dados lumínicos (Bauer; Westfall; Dias, 2013; Knight, 2009b).

Uma das vantagens da fibra óptica é que ela pode transportar a luz sem que precise estar sempre reta; ela pode ter importantes e inúmeras curvaturas sempre que o ângulo de incidência da luz for maior do que o ângulo crítico ($\theta_i > \theta_c$). Caso contrário, a luz é absorvida pelos revestimentos internos da fibra óptica. De acordo com

Bauer, Westfall e Dias (2013), isso é válido para aquelas fibras ópticas cujo diâmetro interno é maior que 10 μm.

As fibras ópticas empregadas na comunicação são formadas por um núcleo de vidro, que é revestido por um tipo de vidro com índice de refração menor. A Figura 3.22 traz um esquema dessas fibras.

Figura 3.22 – Estrutura de uma fibra óptica de comunicação

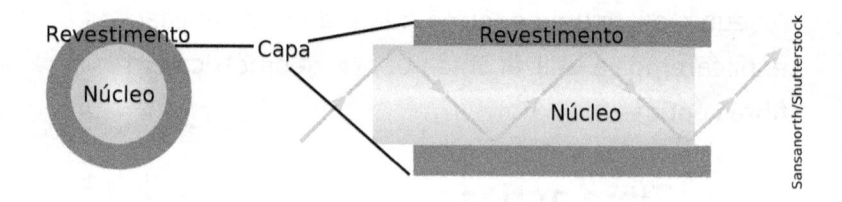

Fonte: Bauer; Westfall; Dias, 2013, p. 29.

Na imagem, o raio de luz vai "quicando" ao longo do percurso da fibra óptica. Segundo Bauer, Westfall e Dias (2013), a perda de potência do feixe de luz na fibra óptica é mínima em razão de a refração ser total, já que nnúcleo > nrevest. Uma fibra óptica comercial clássica possui um núcleo de SiO_2 (dióxido de silício) dopado com Ge (germânio), o que aumenta seu índice de refração, de modo que pode realizar transmissões de dados em forma de luz a uma média de 500 m de distância, sem perdas significativas. O tipo de luz emitido pelos LEDs (diodos emissores de luz) dedicados à transmissão de dados concerne a pequenos pulsos curtos de luz, mas com longos comprimentos de onda.

Grande parte do uso de fibra óptica se refere ao compartilhamento de dados digitais, sendo ela um dos suportes físicos mais importantes para a transmissão da internet moderna. Em sistemas digitais, pequenas perdas de luz não afetam o sinal, o que os diferencia dos sinais analógicos. Assim, na transmissão de dados via fibra óptica, mesmo se tratando de sistemas digitais, a cada certa distância (500 m, por exemplo, para o tipo de fibra óptica em questão), é necessário amplificar o sinal e retransmiti-lo. Com isso, o sistema fica imune à perda de sinal e consegue realizar a comunicação em longas distâncias.

Comportamento da luz

4

Conteúdos do capítulo:

- Modelos de luz: limites e fenômenos ópticos.
- Espelho: reflexão e formação de imagens.
- Lentes: refração e aplicações.

Após o estudo deste capítulo, você será capaz de:

1. conceituar luz, espelho e reflexão;
2. compreender o fenômeno óptico de cada modelo de luz;
3. diferenciar formações de imagens em espelhos;
4. realizar a equação dos espelhos;
5. definir lentes e suas aplicações.

Neste capítulo, estudaremos o comportamento da luz, sobretudo três modelos teóricos a ela referentes: (1) de raios (ou geométrico), (2) ondulatório e (3) de fótons.

Os modelos utilizados na física clássica e aqui abordados se limitam aos modelos ondulatório e de raios. Nesse contexto, emergem as questões: Em que momento se deve utilizar cada um desses modelos? Quais são seus limites? Esse uso é orientado por alguns critérios, que detalharemos na sequência.

Os espelhos são objetos muito comuns no cotidiano, sendo encontrados em distintas versões em lares, automóveis, *shoppings*, estacionamentos, salões de beleza e muitos outros lugares. A forma como são construídos lhes confere suas aplicações, como nos locais citados e em recursos tecnológicos, como telescópios, microscópios e periscópios, bem como na geração de energia elétrica em usinas heliotérmicas – como a Usina Ashalim, no deserto ao Sul de Israel, ou a Usina Ivanpah, no Deserto de Mojave, nos Estados Unidos.

As lentes, por sua vez, são estruturas ópticas baseadas no princípio físico da refração. Elas estão naturalmente presentes em nosso sistema de visão, mas também em lentes corretivas, microscópios, telescópios e câmeras fotográficas. Além dos conteúdos já mencionados, apresentaremos os diferentes tipos de lentes esféricas. Nesse sentido, explicaremos como, em função da posição em que o objeto se encontra e das características físicas da lente, imagens podem ser reais ou virtuais, direitas ou invertidas, ampliadas ou reduzidas. Soma-se a isso a explicação de como os parâmetros físicos de uma lente (centro de curvatura, ponto focal próximo e ponto focal distante, por exemplo) permitem determinar as características da imagem por meio de uma equação simples.

4.1 O modelo da luz e seus limites

Com fundamento na física e na óptica, deve-se determinar, com precisão, qual dos modelos de luz utilizar em cada circunstância. Para isso, conforme Knight (2009b), é preciso observar quando a luz atravessa uma fenda de tamanho *a*, em que o ângulo mínimo de difração é dado pela equação:

$$\theta = sen^{-1}\left(\frac{\lambda}{a}\right)$$

Essa equação pode ser utilizada para experimentos que envolvam fendas ou aberturas circulares (cujo diâmetro é *a*). Na verdade, o fator de λ/a é a razão que determina a expansão de uma onda por trás de uma abertura qualquer e depende do tamanho da abertura e do comprimento de onda da luz. Cabe ressaltar que tal razão é válida para qualquer tipo de abertura, não somente para fendas e circunferências.

Analise o efeito dessas duas situações na Figura 4.1: quando o comprimento de onda é praticamente igual ao tamanho da abertura e quando é muito maior do que ela.

Figura 4.1 – Difração de ondas quando atravessam uma fenda de largura a

Comprimento de onda longo, $\lambda \approx a$. Essa onda praticamente preenche a região atrás do anteparo contendo a abertura.

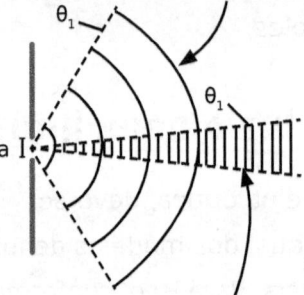

Comprimento de onda curto, $\lambda \ll a$. Essa onda se espalha muito pouco e o feixe permanece bem definido.

Fonte: Knight, 2009b, p. 686.

Note que duas ondas atravessam a mesma fenda de largura *a*. Uma delas apresenta uma relação de $\frac{\lambda}{a} \cong 1$ e, em razão de o comprimento de onda ser longo, sofre maior difração, de forma que preenche a região posterior à abertura. Já a onda com menor comprimento e $\frac{\lambda}{a} \ll 1$ produz um feixe de luz, tendo difração mínima, de maneira que a onda praticamente não se espalha. Esse comportamento não foi observado por Newton, o qual afirmou que a luz comporta-se como raio e realiza movimentos retilíneos uniformes (MRU) (Knight, 2009b).

Considere, agora, uma relação de $\frac{\lambda}{a}$ pequena, em que a luz se propaga por trás da abertura, mas a difração também é pequena e dificulta sua visualização. Essa difração começa a ficar evidente quando o tamanho da abertura assume uma fração de milímetros. Se quisermos que a luz tenha maior difração, ou seja $\theta \cong 90°$ (como é o caso das ondas sonoras), é necessário que a abertura corresponda à ordem dos 0,0001 mm (milímetros). Embora, com a tecnologia de hoje, isso seja possível, uma luz que atravessasse esse orifício tão pequeno seria muito fraca para se observar, a olho nu, o efeito da difração (Knight, 2009b). A Figura 4.2 apresenta um caso genérico de um orifício por onde a luz passa.

Figura 4.2 – Difração da luz: percebida se o diâmetro da projeção desta for maior que D

Se a luz se propaga em linhas retas, a imagem na tela é do mesmo tamanho que o orifício. A difração não será percebida, a menos que a luz se espalhe sobre um diâmetro maior do que *D*.

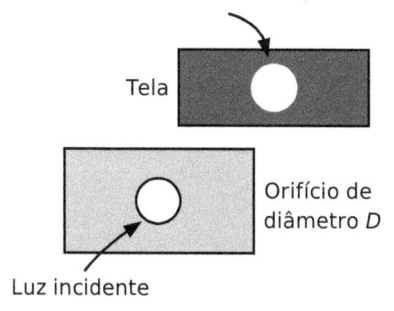

Tela

Orifício de diâmetro *D*

Luz incidente

Fonte: Knight, 2009b, p. 686.

No exemplo, verifica-se uma superfície com orifício de diâmetro D, e a luz incide e passa por ele. Nesse modelo, quando os raios passam pelo orifício e logo são projetados na tela, formam uma circunferência de diâmetro D, quando o orifício apresenta tal formato.

Como explicamos, a difração faz a luz se propagar por trás do orifício, mas esse fenômeno não é percebido se o diâmetro for suficientemente grande. Dito de outro modo, a difração da luz não é reconhecida se o orifício projetado em tela não for amplificado.

Assim, de acordo com Knight (2009b), quando o diâmetro da projeção do orifício na tela é praticamente igual ao diâmetro D do próprio orifício, existe uma baixa difração e, assim, é possível empregar o modelo de raios (ou geométrico). Já quando o diâmetro da projeção do orifício na tela é maior, significa que há refração considerável, devendo ser utilizado o modelo ondulatório.

No entanto, ainda segundo o autor, existe um ponto crítico (ou diâmetro crítico) em que a difração se torna mais evidente e depende do comprimento de onda (λ), da distância (L) entre o orifício e a tela de projeção e, claro, do próprio diâmetro, conforme a equação:

$$D_c = \frac{2,44\lambda L}{D_c}$$

Nessa equação, D_c se refere ao diâmetro crítico, em que dividem as fronteiras de uso o modelo ondulatório e o geométrico. O diâmetro crítico é calculado como em:

$$D_c = \sqrt{2{,}44\lambda L}$$

Agora, considerando-se essa equação e sabendo-se que a luz visível tem um comprimento de onda aproximado de $\lambda \cong 500$ nm e que a distância padrão do orifício até a tela de projeção é de $L \cong 1$ m, tem-se um valor de diâmetro crítico de $D_c = 1$ mm.

Nesse caso, aberturas com diâmetros iguais a 1 mm constituem zona indefinida, de forma que a opção entre um modelo e outro depende dos valores precisos do comprimento de onda, do comprimento do orifício e da tela de projeção.

Preste atenção!

Para a luz visível, é fundamental considerar sempre o seguinte:

- Diâmetros ou aberturas menores do que 1 mm produzem importantes efeitos de difração. Logo, deve ser utilizado o modelo ondulatório da luz.
- Quando o diâmetro do orifício é maior do que 1 mm, a difração é menos acentuada e menos perceptível. Então, deve ser empregado o modelo geométrico da luz.

4.1.1 Fenômenos ópticos de cada modelo

Os fenômenos ópticos são frequentemente aproveitados por equipamentos com tecnologias recentes (microscópios eletrônicos e análises de imagens para aplicações médicas, por exemplo) ou tradicionais (telescópios, lentes e espelhos, por exemplo). Sistemas alicerçados no modelo geométrico da luz, via de regra, ajudam a explicar como funcionam os diferentes tipos de lentes.

Nesse sentido, a reflexão e a refração da luz enfocam o comportamento da luz com base no MRU, ou o modelo de raios. Por outro lado, o funcionamento de equipamentos projetados com base no modelo ondulatório da luz é elucidado tendo em vista o fenômeno da interferência da luz (ou difração).

A seguir, analisaremos um exemplo de equipamento fundamentado no modelo de ondas.

Interferômetro

De acordo com Bauer, Westfall e Dias (2013), o interferômetro tem como princípio de funcionamento a interferência da luz. Por meio das franjas de interferência que gera, esse aparelho pode medir variações de pequenas distâncias na ordem de frações de comprimentos de onda da luz utilizada no experimento.

Como explica Knight (2009b), o interferômetro é um dispositivo com duas fontes de onda de comprimentos (λ) iguais. Isso pode ser obtido dividindo-se uma onda em duas de menor amplitude e, posteriormente, recombinando-as. É evidente que esse dispositivo recorre a ondas para funcionar, que podem ser sonoras, de luz, eletromagnéticas, entre outras.

Aqui, explicaremos o princípio de funcionamento de um interferômetro que emprega ondas de luz, também conhecido como *interferômetro de Michelson* (Figura 4.3). Como se pode perceber, esse dispositivo leva o nome de quem o projetou e utilizou em 1887, em Ohio, nos Estados Unidos, e atualmente vem sendo usado em computadores ópticos (Bauer; Westfall; Dias, 2013; Knight, 2009b).

Figura 4.3 – Diagrama esquemático do funcionamento do interferômetro de Michelson

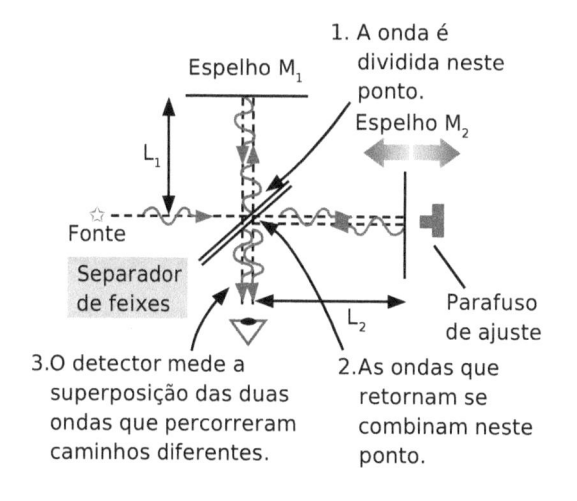

[Diagrama do interferômetro de Michelson mostrando: Espelho M_1, Espelho M_2, Fonte, Separador de feixes, Parafuso de ajuste, L_1, L_2. 1. A onda é dividida neste ponto. 2. As ondas que retornam se combinam neste ponto. 3. O detector mede a superposição das duas ondas que percorreram caminhos diferentes.]

Fonte: Knight, 2009b, p. 688.

A imagem demonstra o funcionamento desse interferômetro por etapas. Na primeira delas, existe um espelho parcialmente prateado, que separa o feixe de luz da fonte original em dois feixes. Cada metade do feixe se desloca em direções diferentes: uma para o espelho

M_1 (a uma distância L_1) e outra para o espelho M_2 (a uma distância L_2). Na segunda etapa, os reflexos dos espelhos M_1 e M_2 fazem os feixes se recombinarem. Na terceira e última etapa, as ondas regeneradas são projetadas em um detector de luz, hoje eletrônico (fotodetector), mas que, originalmente, era observado a olho nu. Veja que a posição do espelho M_2 pode ser ajustada.

Dessa forma, as ondas percorrem uma distância de $r_1 = 2L_1$ e $r_2 = 2L_2$. O fator de 2 se refere ao percurso das ondas, relativo à ida e volta aos espelhos (Bauer; Westfall; Dias, 2013; Knight, 2009b). Logo, a diferença da distância entre ambos os caminhos é dada por:

$$\Delta r = 2L_2 - 2L_1$$

Quando existe interferência construtiva, a diferença entre as distâncias é de $\Delta r = m\lambda$, em que *m* é um múltiplo inteiro do comprimento de onda. Assim, se a regeneração é construtiva, ou seja, se as ondas se somam, pode-se recorrer à equação:

$$L_2 - L_1 = \frac{m\lambda}{2} \quad m = 0, 1, 2...$$

Já para ondas destrutivas, a relação de distâncias é dada por:

$$L_2 - L_1 = \left(m + \frac{1}{2}\right)\frac{\lambda}{2} \quad m = 0, 1, 2...$$

De acordo com Knight (2009b), na saída do visualizador do interferômetro, não se vê "claro" ou "escuro", concernentes a relações de onda construtivas ou destrutivas, respectivamente. Na verdade, encontram-se franjas em forma de circunferências concêntricas, à semelhança do padrão exposto na Figura 4.4.

Figura 4.4 – Imagem captada na saída de um interferômetro de Michelson

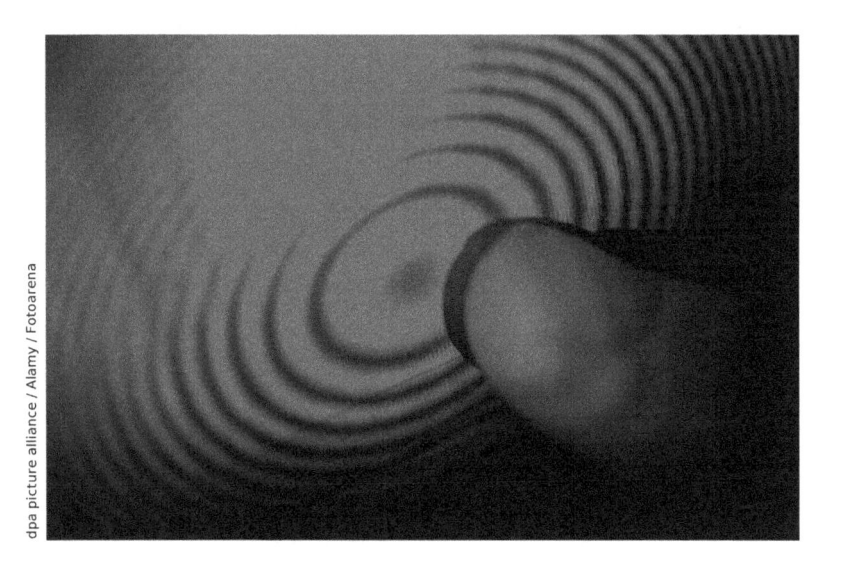

Esse tipo de visualização é possível quando o equipamento está bem regulado, ou seja, os ângulos dos espelhos devem estar perfeitamente perpendiculares aos raios incidentes; caso contrário, essa imagem aparece distorcida. Portanto, as equações anteriores são válidas somente quando o interferômetro está perfeitamente calibrado, de forma que se observem várias circunferências e um centro brilhante (Bauer; Westfall; Dias, 2013; Knight, 2009b).

Voltando à Figura 4.3, para movimentar o espelho M_2, deve ser utilizado o parafuso de ajuste, o que vai produzir uma variação do padrão de franjas, alternando-o de claro para escuro. Esse mesmo tipo de padrão de ondas pode ser visto em interferômetros acústicos.

Agora, suponha que o interferômetro foi calibrado de modo que está produzindo um ponto brilhante central. À proporção que se movimenta o parafuso de precisão, o ponto central desaparece, mas reaparece quando M_2 movimenta a metade de um comprimento de onda.

De acordo com Knight (2009b), o número Δm de máximos observados à medida que se movimenta M_2 em uma distância ΔL_2 é dado pela equação:

$$\Delta m = \frac{\Delta L_2}{\lambda / 2}$$

Preste atenção!

Michelson realizou a medição do valor de Δm por meio de inspeção visual. Atualmente, porém, recorre-se a sistemas eletrônicos (fotodetectores). O uso de fotodetectores é recomendado porque existe uma alta variação de Δm para uma variação de ΔL_2, razão por que erros humanos na contagem são frequentes.

Movimentando-se o parafuso de calibração, podem-se realizar medições precisas de comprimentos de onda, contando-se a partir do número dos pontos brilhantes no centro do visualizador do interferômetro. Assim, Δm pode ser obtido com muita exatidão, sendo ΔL_2 a variação da distância de L_2.

Portanto, quem limita o valor de precisão da medição é, justamente, ΔL_2. Essa variação de comprimento é, normalmente, na ordem dos milímetros, e sua medição pode ser feita por instrumentos conhecidos, como paquímetros, parafusos de precisão e micrômetros.

A diferença do comprimento de onda λ é difícil de calcular diretamente, pois sua medida é microscópica. Daí a importância do interferômetro de Michelson, que permite cálculos com sistemas de medidas macroscópicas (Bauer; Westfall; Dias, 2013; Knight, 2009b).

Exercício resolvido

Um estudante usa um interferômetro de Michelson para medir o comprimento da onda luminosa de um *laser* disponível no laboratório, movimentando o parafuso de precisão (M_2) até observar 10.000 novos pontos brilhantes no centro do visualizador. Depois dessa contagem, ele mede o deslocamento do espelho, que é de 3,164 mm. Tendo em vista tais dados, qual é o comprimento de onda do *laser* desse experimento?

a) λ = 832,8 nm.
b) λ = 788,8 nm.
c) λ = 632,8 nm.
d) λ = 932,8 nm.

A resposta correta é a **alternativa C**.

Sabemos que ΔL_2 = 3,164 mm e que Δm = 10.000. Com a equação, obtemos:

$$\Delta m = \frac{\lambda L_2}{\lambda / 2}$$

$$\lambda = \frac{2 \Delta L_2}{\Delta m}$$

$$\lambda = \frac{2 \cdot 3,164 \cdot 10^{-3}}{1 \cdot 10^4}$$

$$\lambda = 6,328 \cdot 10^{-7} \text{ m}$$

Portanto, o estudante chegou, experimentalmente, a λ = 632,8 nm.

4.2 Espelhos e reflexão

Se você é capaz de observar os objetos a seu redor, diferenciando cores e formas, é graças ao fenômeno físico da reflexão.

Uma fonte luminosa, como o Sol ou uma lâmpada, emite luz em todas as direções, sempre em linha reta.

Essas ondas eletromagnéticas, que são tratadas como raios luminosos na óptica geométrica, interagem com a superfície de materiais e objetos, sofrendo, na maioria dos casos, uma reflexão difusa, aleatória e sem padrão. Por exemplo, quando você olha para uma mochila azul em cima de uma mesa, capta a parcela da luz visível ao olho humano e que foi randomicamente refletida pelo objeto. O restante do espectro da luz visível que você não observa (ondas eletromagnéticas com comprimentos de onda que não compõem a cor azul) foi, de alguma forma, absorvido pelo material.

Pensar sobre o processo que nos possibilita enxergar objetos que não emitem luz própria já é bastante instigante. Mas ainda há outro processo de reflexão que merece ser discutido: a reflexão especular. Quando uma superfície é bastante lisa, comparativamente ao comprimento de onda da luz incidente, ela reflete os raios luminosos com um padrão definido, obedecendo a uma lei de reflexão. Espelhos, assim, são superfícies que refletem a luz de forma especular (Bauer; Westfall; Dias, 2013).

Você deve imaginar que espelhos não são objetos recentes na história, não é mesmo? Muito provavelmente, os primeiros espelhos utilizados pelo homem foram os d'agua. Historiadores relatam achados de mais de 2 mil anos a.c. com espelhos feitos de bronze polido, no Egito e na China. Já na contemporaneidade, os espelhos de sua residência, por exemplo, resultam da deposição de uma solução com nitrato de prata, a qual é fixada em um dos lados de uma superfície de vidro.

É certo que você também já percebeu que os espelhos presentes em seu dia a dia são capazes de gerar imagens diferentes. Quando se olha no espelho do banheiro, vê sua imagem em tamanho natural. Já quando está no dentista, os espelhos desse profissional servem para aumentar e ver detalhadamente determinado ponto dos dentes de pacientes. No retrovisor do carro, no supermercado e no estacionamento, tais objetos diminuem a imagem, propiciando uma visão ampla do espaço.

Diante dessa diversidade, surge a dúvida: Quais são as características físicas que diferem esses espelhos e como as imagens são formadas? Sua mente deve logo se recordar da lei da reflexão (válida para qualquer geometria de espelho; o que os diferencia é, na verdade, como o eixo normal varia ao longo da superfície): os raios de luz incidentes sobre a superfície de um espelho, fazendo um ângulo θ_i com a direção normal, são refletidos por um ângulo θ_r, de tal forma que $\theta_i = \theta_r$, como na Figura 4.5.

Figura 4.5 – Reflexão especular da luz em um espelho plano

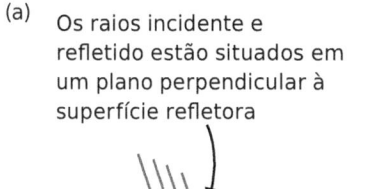

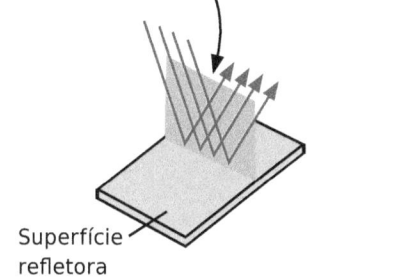

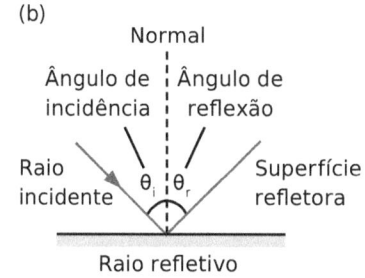

(a) Os raios incidente e refletido estão situados em um plano perpendicular à superfície refletora

(b)

Fonte: Knight, 2009b, p. 703.

Enquanto em um espelho plano o eixo normal à superfície aponta na mesma direção, independentemente do ponto do plano, em um espelho curvo, cada ponto da superfície tem um eixo normal apontando em uma direção diferente. Nos chamados *espelhos esféricos*, por sua vez, o eixo normal à superfície sempre passa pelo centro de curvatura do espelho (C).

Assim, pode-se definir um eixo especial, chamado de *eixo principal*, que liga o centro de curvatura ao ponto médio do espelho, também conhecido como *vértice* (V) (Figura 4.6). Se o centro de curvatura estiver localizado na frente da parte espelhada, tem-se um espelho côncavo (ou convergente). Já se o centro de curvatura estiver "atrás" da parte espelhada, tem-se um espelho convexo (ou *divergente*).

Figura 4.6 – Reflexão especular da luz em um espelho esférico

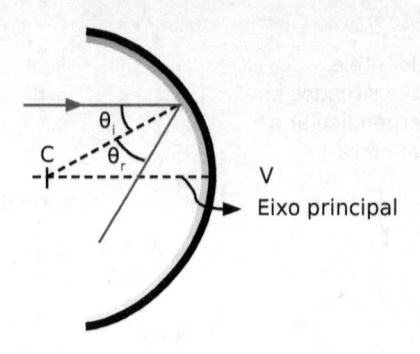

Fonte: Bauer; Westfall; Dias, 2013, p.121.

Em síntese, a normal à superfície, em qualquer ponto do espelho, aponta na direção do centro de curvatura (C), que é ligado ao vértice (V) pelo eixo principal.

Além dos espelhos esféricos, são comuns os espelhos parabólicos. Espelhos com essa geometria são construídos a partir do formato de um paraboloide de revolução, com a propriedade de concentrar todos os raios luminosos provenientes de fontes distantes em um único ponto, que é chamado de *ponto focal*, sobre o qual discorreremos nas próximas seções.

Espelhos parabólicos podem ser encontrados em fogões solares, usinas de energia solar térmica concentrada e, apesar de não as associarmos diretamente a espelhos, antenas parabólicas, que são capazes de refletir ondas eletromagnéticas com comprimento de ondas de rádio e micro-ondas.

Na próxima seção, abordaremos o processo de formação de imagens em espelhos planos e esféricos de forma mais aprofundada, relacionando as diferenças entre a natureza da imagem, sua orientação e seu tamanho às características geométricas da superfície.

4.2.1 Espelhos e formação das imagens

Certamente você utiliza, no seu dia a dia, diversos tipos de espelhos: no banheiro, na decoração, nos automóveis etc., com o intuito de mostrar uma imagem idêntica ao objeto real refletido ou mesmo aumentá-la ou diminuí-la.

O uso de espelhos na decoração é amplamente difundido, estando presente no desenvolvimento de muitas civilizações, como a egípcia, a grega e a chinesa, com significado cultural e místico. Os princípios físicos desses objetos também integram aplicações tecnológicas, como as dos sistemas de emissão e recepção de sinais de telecomunicação e internet, da astronomia, da astronáutica e da geração de energia alternativa a combustíveis fósseis.

Espelhos planos

Na seção anterior, relembramos o princípio da reflexão. Imagine, então, um objeto posicionado em frente a um espelho plano, como na Figura 4.7. Os raios luminosos provenientes do ponto P são refletidos por igual ângulo em relação à normal. Essa reflexão faz parecer que existe um objeto localizado no ponto P', atuando como fonte de luz, do lado de trás do espelho.

Figura 4.7 – Formação da imagem em um espelho plano

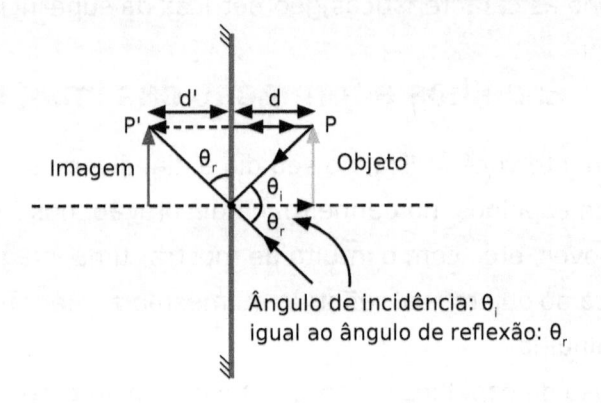

Ângulo de incidência: θ_i igual ao ângulo de reflexão: θ_r

Fonte: Bauer; Westfall; Dias, 2013, p. 152.

Como nenhum raio luminoso parte, de fato, de P', diz-se que essa imagem é *virtual*. A distância *d'* do ponto da imagem P' até o espelho é igual à distância do ponto P do objeto ao espelho. Portanto, para um espelho plano:

$$d = -d'$$

O sinal negativo se refere à convenção de sinais usual do sistema de coordenadas. O vértice é localizado no ponto (0, 0) do eixo de coordenadas, enquanto o ponto P encontra-se em (d, h) e P' em P' (–d, h'), em que *h* e *h'* representam a altura do objeto e de sua imagem, respectivamente. Outra característica importante dos espelhos planos é que a imagem é direita (ereta) e apresenta o mesmo tamanho do objeto; logo:

$$h = h'$$

Os raios de luz são emitidos por um objeto, após reflexão difusa, em todas as direções e a partir de todos os pontos da superfície do material. No entanto, para construir e compreender a locação e a dimensão da imagem, basta escolher alguns poucos raios.

Preste atenção!

É comum nos confundirmos e acharmos que um espelho plano faz uma reversão esquerda-direita da imagem. Na verdade, a inversão que ocorre é a inversão de trás para a frente. Se você apontar para a direita com sua mão direita em frente a um espelho, sua imagem também apontará para a direita. No entanto, seu cérebro vai achar que é sua mão esquerda que faz o movimento, pois interpretará a imagem como uma rotação de 180° em torno do eixo vertical do objeto real.

Estamos tão acostumados com nossa imagem espelhada que uma imagem de *webcam* ou câmera fotográfica, que mostra como as pessoas de fato nos veem, não nos é familiar.

Espelhos esféricos

Para analisar como a imagem se forma em espelhos esféricos, é interessante definir o comportamento de alguns raios luminosos específicos, a saber:

- **Raios paralelos ao eixo principal**: Ao incidirem sobre a superfície do espelho esférico, são refletidos na direção do ponto médio do centro de curvatura (convergindo ou divergindo, a depender da característica da superfície refletora). Esse ponto é chamado de *ponto focal* ou, simplesmente, *foco do espelho*.
- **Raios na direção do vértice**: Ao incidirem sobre o vértice do espelho com um ângulo θ em relação ao eixo principal, são refletidos com o mesmo ângulo θ de incidência.
- **Raios na direção do centro de curvatura**: Não sofrem desvios ao incidirem sobre o espelho.
- **Raios na direção do ponto focal**: Ao atingirem a superfície do espelho, são refletidos paralelamente ao eixo principal. Não é preciso utilizar todos esses raios para a construção da imagem. De forma geral, apenas dois deles são suficientes e devem-se escolher os mais adequados ao problema em resolução.

As características dos raios aqui descritas são válidas tanto para espelhos côncavos quanto para convexos. Contudo, não se deve esquecer de que o centro de curvatura e o foco do espelho côncavo estão localizados na frente do espelho (eixo considerado positivo), ao passo que, no convexo, localizam-se na "parte de trás" da superfície espelhada (eixo considerado negativo).

Com essas informações em mente, confira, no Quadro 4.1, as possibilidades de análise do processo de formação de imagem para cada tipo de espelho e posição do objeto.

Quadro 4.1 – Formação de imagem em espelhos esféricos

Situação	Formação da imagem	Características da imagem
Objeto localizado a uma distância **maior** que a distância do centro de curvatura C, **espelho côncavo**		• Real (formada na frente do espelho) • Invertida (orientação vertical oposta ao objeto) • Reduzida (menor que o objeto)
Objeto localizado a uma distância **entre** o centro de curvatura e o foco **espelho côncavo**		• Real (formada na frente do espelho) • Invertida (orientação vertical oposta ao objeto) • Aumentada (maior que o objeto)

(continua)

(Quadro 4.1 – conclusão)

Situação	Formação da imagem	Características da imagem
Objeto localizado a uma distância **menor** que a distância focal f, **espelho côncavo**		• Virtual (formada atrás do espelho) • Direita (mesma orientação vertical do objeto) • Aumentada (maior que o objeto)
Objeto localizado à frente de um **espelho convexo**		• Virtual (formada atrás do espelho) • Direita (mesma orientação vertical do objeto) • Aumentada (maior que o objeto)

Fonte: Bauer; Westfall; Dias, 2013, p. 169.

Nesta seção, vimos, por meio de construções geométricas e traçados de alguns raios a partir dos pontos localizados na extremidade do objeto, como a imagem é formada em espelhos planos e esféricos, em diferentes posições do objeto relativo ao espelho.

Perceba que, em todos os exemplos, o objeto foi posicionado com sua base sobre o eixo principal. Essa é uma hipótese simplificadora, já que, nesse caso, a base da imagem também estaria, certamente, sobre o mesmo eixo. No entanto, se o objeto estiver localizado em outro ponto qualquer, basta traçar os raios e determinar seu ponto de encontro (real ou virtual) tanto para o topo quanto para a base.

Preste atenção!

É possível observar duas situações particulares para a formação da imagem em um espelho côncavo: quando o objeto está sob o ponto de curvatura C e quando está sobre o ponto focal F.

Ao se posicionar um objeto sobre o ponto de curvatura, a imagem obtida é real e invertida e tem exatamente o mesmo tamanho do objeto. Já quando o objeto é posicionado exatamente sobre o foco do espelho, todos os raios luminosos provenientes de um ponto P são refletidos paralelamente entre si, convergindo apenas no infinito. A imagem é dita *imprópria* e, na prática, não há formação de imagem nesse caso.

Você pode testar, em sua casa, se as análises feitas até aqui condizem com a prática. Apesar de não ser perfeitamente esférica, pode utilizar uma colher e verificar as condições em que imagens aumentadas ou reduzidas, direitas ou invertidas, reais ou virtuais surgem.

Na próxima seção, descreveremos a equação dos espelhos esféricos e uma maneira de conhecer as propriedades da imagem formada, de maneira precisa e analítica, com base nas características construtivas dos espelhos.

4.2.2 Equação dos espelhos

Para definir o tamanho da imagem e suas características, não é necessário desenhar os raios luminosos provenientes do objeto e sua reflexão. Pode-se, simplesmente, utilizar uma equação chamada de *equação dos espelhos*, ou *equação de Gauss*, e os parâmetros construtivos da superfície espelhada, como raio de curvatura e distância focal (Bauer; Wolfgang; Dias, 2013).

Com o fito de não cometer erros, é importante compreender a convenção de sinais aplicada para a padronização dos resultados. O Quadro 4.2, a seguir, auxilia nesse processo.

Quadro 4.2 – Convenção de sinais para a equação dos espelhos

Variável	Descrição	Característica
R	Raio de curvatura, distância do vértice ao centro da curvatura	+ (para espelhos côncavos); – (para espelhos convexos)
f	Distância focal	R/2: + (para espelhos côncavos); – (para espelhos convexos)

(continua)

(Quadro 4.2 – conclusão)

Variável	Descrição	Característica
p	Distância do ponto P do objeto espelho, traçado paralelamente ao eixo principal	Sempre + (objeto sempre estará na frente do espelho)
p'	Distância do ponto P' da imagem ao espelho, traçada paralelamente ao eixo principal	+ (para imagem real) – (imagem virtual)
A	Ampliação da imagem relativa ao objeto	+ (imagem direita) – (imagem invertida) A>1 (imagem ampliada) A<1 (imagem reduzida)

Fonte: Bauer; Westfall; Dias, 2013, p. 145.

Com a convenção de sinais definida, basta utilizar a seguinte equação para averiguar o tipo e as propriedades da imagem formada:

$$\frac{1}{f} = \frac{1}{p} + \frac{1}{p'}$$

Para determinar a ampliação da imagem, é suficiente saber que:

$$A = -\frac{p}{p'}$$

Exercício resolvido

Um objeto de 10 cm de altura é posicionado em frente a um espelho esférico, com raio de curvatura R = 1 m, faces côncava e convexa espelhadas, além de ser bem maior do que o item refletido. Analise a imagem obtida nas três situações descritas a seguir.

1. O objeto é colocado de frente para a superfície côncava, à 40 cm de distância.
2. O objeto é colocado de frente para a superfície côncava, à 80 cm de distância.
3. O objeto é colocado de frente para a superfície convexa, à 40 cm de distância.

Qual é a localização, o tipo e o tamanho da imagem em cada situação?

a) A imagem é virtual, localizada à 0,22 m atrás do espelho, invertida e diminuída, com altura de 85,5 cm.
b) A imagem é virtual, localizada à 0,22 m atrás do espelho, invertida e diminuída, com altura de 7,5 cm.
c) A imagem é virtual, localizada à 0,72 m atrás do espelho, invertida e diminuída, com altura de 5,5 cm.
d) A imagem é virtual, localizada à 0,22 m atrás do espelho, invertida e diminuída, com altura de 5,5 cm.

A resposta correta é a **alternativa D**.

Na primeira situação, o espelho côncavo apresenta distância focal f = R/2 = 0,5 m. A distância do objeto é p = 40 cm = 0,4 m. Substituindo-se na equação dos espelhos:

$$\frac{1}{0,5} = \frac{1}{0,4} + \frac{1}{p'}$$

$$\frac{1}{p'} = 2 - \frac{10}{4}$$

$$\frac{1}{p'} = \frac{8-10}{4}$$

$$\frac{1}{p'} = -\frac{2}{4} = -\frac{1}{2}$$

$$p' = 2\,m$$

Trocando-se na expressão do aumento:

$$A = -\frac{p'}{p} = -\frac{(-2)}{0,4} = 5$$

A ampliação também pode ser obtida pelos tamanhos do objeto e da imagem:

$$A = \frac{h'}{h}$$

$$h' = A \cdot h$$

$$h' = 5 \cdot 0,1 = 0,5\,m$$

Portanto, podemos concluir que a imagem é virtual, localizada à 2 m para dentro do espelho, direita e aumentada, com altura de 50 cm.

Na segunda situação, o espelho côncavo apresenta distância focal $f = R/2 = 0,5$ m. A distância do objeto é $p = 80$ cm $= 0,8$ m. Substituindo-se na equação dos espelhos:

$$\frac{1}{0,5} = \frac{1}{0,8} + \frac{1}{p'}$$

$$\frac{1}{p'} = 2 - \frac{10}{8}$$

$$\frac{1}{p'} = \frac{16-10}{8} = \frac{6}{8} = \frac{3}{4}$$

$$p' = \frac{4}{3} = 1,33\, m$$

Trocando-se na expressão do aumento:

$$A = -\frac{p'}{p}$$

$$A = -\frac{1,33}{0,8} = -1,67$$

A ampliação também pode ser obtida pelos tamanhos do objeto e da imagem:

$$A = \frac{h'}{h}$$

$$h' = A \cdot h$$

$$h' = -1,67 \cdot 0,1 = -0,167\, m$$

Desse modo, podemos concluir que a imagem é real, localizada à 1,33 m na frente do espelho, invertida e aumentada, com altura de 16,7 cm.

Na terceira e última situação, o espelho convexo apresenta distância focal f = –R/2 = –0,5 m. A distância do objeto é p = 40 cm = 0,4 m. Substituindo-se na equação dos espelhos:

$$-\frac{1}{0,5} = \frac{1}{0,4} + \frac{1}{p'}$$

$$\frac{1}{p'} = -2 - \frac{10}{4}$$

$$\frac{1}{p'} = \frac{-8-10}{4} = \frac{-18}{4} = -\frac{9}{2}$$

$$p' = -\frac{2}{9} = -0,22 \, m$$

Trocando-se na expressão do aumento:

$$A = \frac{p'}{p}$$

$$A = -\frac{0,22}{0,4} = -0,55$$

A ampliação também pode ser obtida pelos tamanhos do objeto e da imagem:

$$A = \frac{h'}{h}$$

$$h' = A \cdot h$$

$$h' = -0,55 \cdot 1 = -0,055 \, m$$

Logo, podemos concluir que a imagem é virtual, localizada à 0,22 m atrás do espelho, invertida e diminuída, com altura de 5,5 cm.

A equação dos espelhos também é válida para os planos, se considerarmos que a curvatura de um espelho desse tipo é infinita:

$$\lim_{f \to \infty}\left(\frac{1}{f}\right) = 0$$

$$= \frac{1}{p} + \frac{1}{p'} = p' = -p$$

O conhecimento acerca dos princípios físicos de espelhos é essencial para diversas aplicações tecnológicas, como sistemas de emissão e recepção de sinais de telecomunicações e internet; pesquisas em ciências básicas e aplicadas, como astronomia e astronáutica; alternativas ao uso de combustíveis fósseis e lenha para cocção de alimentos; alternativas para a geração de energia elétrica por usinas heliotérmicas ao redor do mundo, com especial importância em regiões desérticas.

4.3 Lentes e refração

Como vimos anteriormente, certamente você se recorda que uma fonte luminosa, como o Sol ou uma lâmpada, emite luz em todas as direções, sempre em linha reta. Essas ondas eletromagnéticas, que são tratadas como raios luminosos na óptica geométrica, interagem com a superfície de materiais e objetos e, na maioria dos casos, sofrem uma reflexão difusa, aleatória e de padrão indefinido.

Dessa forma, podemos considerar que cada ponto de qualquer objeto que nos é visível está refletindo luz em todas as direções. Se você já estudou sobre os espelhos, viu que os raios luminosos que incidem em uma superfície bastante lisa, como um metal polido, são refletidos de forma especular, obedecendo às leis de reflexão. No entanto, quando a luz incide sobre a interface de dois meios transparentes, como ar e vidro, pode ser refletida e transmitida. Essa transmissão da luz de um meio para outro é a chamada *refração* (Knight, 2009b).

A lei física que descreve como feixes luminosos se comportam ao partirem de um meio transparente, com índice de refração n_1, e atravessarem uma interface seguindo para outro meio, com índice de refração n_2, é a lei de Snell:

$$n_1 \text{sen}\, \theta_1 = n_2 \text{sen}\, \theta_2$$

Lembre-se de que o índice de refração de um meio é definido como a razão entre a velocidade da luz no vácuo e a velocidade da luz no meio em questão: n = c/vmeio. É importante também ter em mente que os ângulos de incidência θ_1 e θ_2 são dados em relação à normal da superfície.

No caso de uma superfície plana, qualquer ponto dela tem seu vetor normal apontando na mesma direção, perpendicular à superfície. Já em superfícies esféricas, a normal sempre aponta na direção do centro de curvatura.

O fenômeno da refração é o responsável pela formação de imagens através de lentes. Lentes, por sua vez, são materiais transparentes que utilizam a refração em superfícies curvas para formar uma imagem por intermédio de raios luminosos divergentes (Knight, 2009b). Assim como com os espelhos, é possível recorrer ao método de traçado de raios luminosos para compreender a formação de imagens em lentes.

4.3.1 Lentes convergentes e divergentes

Podem-se dividir as lentes esféricas, aquelas cuja interface entre os meios refringentes pode ser caracterizada por um raio de curvatura fixo, em dois tipos: **convergentes** e **divergentes**. Como é possível confirmar na ilustração adiante, lentes convergentes fazem com que os raios luminosos sejam refratados em direção ao eixo óptico. Elas são mais finas nas extremidades e engrossam à medida que se aproximam do eixo óptico. O ponto comum pelo qual os raios que incidem paralelamente ao eixo da lente se cruzam é chamado de *ponto focal* (F), enquanto *a distância focal* (f) é o comprimento entre a lente e o ponto focal.

Figura 4.8 – Trajeto dos raios paralelos ao atravessarem uma lente: a) convergente, em que são desviados na direção do eixo óptico e convergem para o ponto focal; b) divergente, em que o desvio faz com que se afastem do eixo óptico, como se estivessem partindo do ponto focal

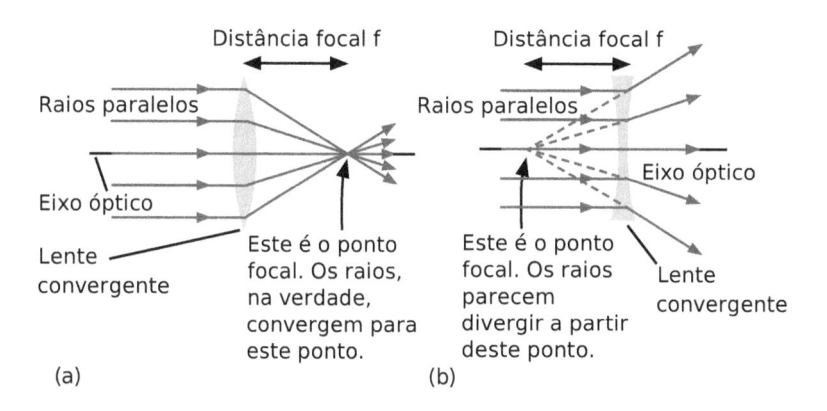

```
         Distância focal f              Distância focal f
         ◄──────►                       ◄──────►
Raios paralelos                 Raios paralelos

Eixo óptico                                        Eixo óptico

Lente ─────    Este é o ponto     Este é o ponto    Lente
convergente    focal. Os raios,   focal. Os raios   convergente
               na verdade,        parecem
               convergem para     divergir a partir
               este ponto.        deste ponto.
     (a)                              (b)
```

Fonte: Knight, 2009b, p. 716.

As lentes *divergentes* (como o próprio nome sugere) atuam fazendo a luz incidente se afastar do eixo óptico. Esse tipo de lente tem as bordas mais grossas que sua região central. Quando os raios incidem paralelamente ao eixo dela, são refratados como se tivessem sido originados de um ponto focal (F), como se nota no item (b) da ilustração anterior.

Da mesma maneira, a distância focal (f) é definida como o comprimento entre o ponto focal e o ponto central da lente, sobre o eixo óptico. Para facilitar as análises de formação da imagem, é conveniente considerar lentes de espessura muito menor que a distância focal: as lentes delgadas. Dessa forma, pode-se entender que o fenômeno da refração ocorre quando os raios atingem o plano da lente, como verificaremos nos casos abordados a seguir. Fique tranquilo: essa é uma boa aproximação para a maioria das aplicações práticas (Bauer; Westfall; Dias, 2013).

4.3.2 Trajeto dos raios luminosos em lentes esféricas

Para examinar a constituição de imagens em uma lente delgada, é preciso entender seu comportamento em algumas situações. Como apontado, raios que incidem paralelamente ao eixo óptico – e, portanto, perpendicularmente ao plano da lente – convergem para o ponto focal em lentes convergentes ou divergem deste em lentes divergentes (Figura 4.9, item a).

Se o sentido dos raios for invertido em uma lente convergente, os raios provenientes do ponto focal são refratados paralelamente ao eixo; e os raios que incidem na direção do ponto focal em lentes divergentes são refratados também de forma paralela (Figura 4.9, item b).

Outro raio de especial interesse é aquele que incide sobre o centro da lente, seguindo sem qualquer desvio tanto em lentes convergentes quanto em lentes divergentes (Figura 4.9, item c).

Figura 4.9 – Três conjuntos de raios luminosos que atravessam uma lente delgada convergente (à esquerda) e uma divergente (à direita)

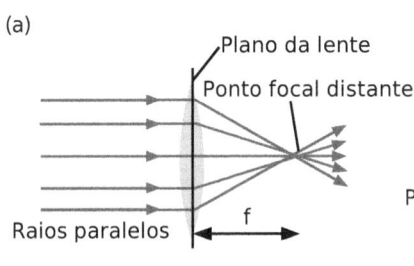

(a)

Qualquer raio paralelo ao eixo óptico é refratado em direção ao ponto focal do lado oposto da lente.

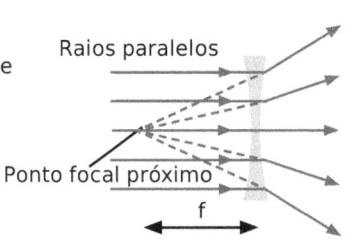

Qualquer raio inicialmente paralelo ao eixo óptico diverge ao longo de uma linha que passa pelo ponto focal próximo.

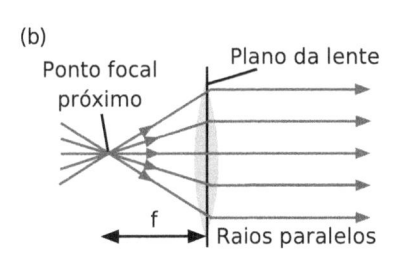

(b)

Qualquer raio que passe pelo ponto focal próximo emerge da lente paralelamente ao seu eixo óptico.

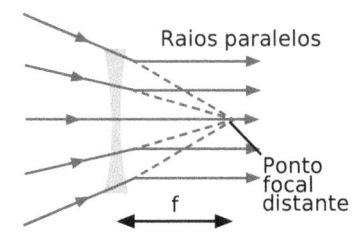

Qualquer raio direcionado ao longo de uma linha que passa pelo ponto focal distante emerge da lente paralelamente ao eixo óptico.

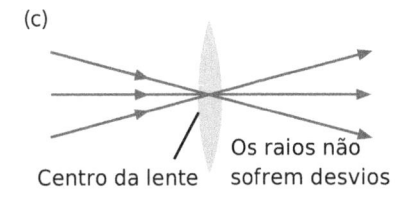

(c)

Qualquer raio dirigido ao centro da lente passa por ela em linha reta.

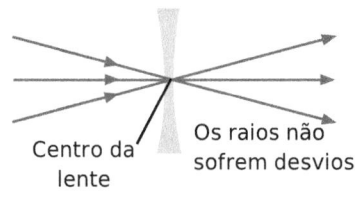

Qualquer raio dirigido ao centro da lente passa em linha reta.

Fonte: Knight, 2009b, p. 717, 721.

Ao analisar o comportamento dos conjuntos de raios luminosos dessas ilustrações, você deve ter reparado que as lentes, diferentemente dos espelhos, possuem dois pontos focais. Nas lentes convergentes, os raios que incidem paralelamente sobre a superfície da lente são refratados em direção ao ponto focal distante. Já os raios que partem do ponto focal próximo são refratados paralelamente ao eixo óptico. Enquanto isso, nas lentes divergentes, os raios paralelos são refratados como se partissem do ponto focal próximo, enquanto os raios incididos na direção do ponto focal distante são refratados paralelamente.

Preste atenção!

Como não se confundir com esses conceitos? Eis uma dica importante: o ponto focal próximo de uma lente (independentemente do tipo desta) sempre estará voltado para o lado onde se encontra o objeto.

4.3.3 Lentes e formação de imagens

Assim como nos espelhos, podem-se construir imagens reais ou virtuais em lentes. As imagens reais são aquelas formadas pelos raios convergentes, do lado oposto ao plano do objeto e sempre invertidas, ao passo que as imagens virtuais são formadas pelos raios divergentes, do mesmo lado do objeto e sempre direitas. O Quadro 4.3 mostra como a posição do objeto e o tipo de lente influenciam a imagem resultante.

Quadro 4.3 – Formação da imagem em lentes esféricas

Situação	Formação da imagem	Características da imagem
Objeto localizado a uma distância **maior** que a distância do ponto focal próximo de uma lente covergente.		• Real (formada do outro lado da lente) • Invertida (orientação vertical oposta ao objeto) • Reduzida (se $d_0 > 2f$), igual (se $d_0 = 2f$) ou aumentada (se $f < d_0 < 2f$)
Objeto localizado a uma distância **menor** que a distância do ponto próximo focal (f) de uma lente convergente.		• Virtual (formada do mesmo lado do objeto) • Direita (mesma orientação vertical do objeto) • Aumentada (maior que o objeto)
Objeto localizado em **qualquer** posição relativo a uma lente divergente.		• Virtual (formada do mesmo lado do objeto) • Direita (mesma orientação vertical do objeto) • Reduzida (menor que o objeto)

Fonte: Bauer; Westfall, Dias, 2013, p. 139.

Aqui, consideramos um sistema composto por uma única lente delgada. Você consegue imaginar quais aplicações essas lentes podem ter? O mesmo tipo pode ser usado para situações distintas. Quando o objeto está localizado a uma distância maior que a distância focal de uma lente convergente, como no primeiro caso do Quadro 4.3, a imagem é real. Quando deslocado o objeto em relação à lente, o plano da imagem também muda.

Quanto mais próximo o objeto está do ponto focal, maior é a imagem e mais distante se encontra do centro da lente. Ao contrário, quanto mais distante do ponto focal o objeto está, menor é a imagem, que é formada mais próxima ao eixo da lente. Esse é o princípio de funcionamento de projetores, em que o ajuste do foco da lente propicia uma imagem nítida sob um anteparo.

Quando o objeto está a uma distância menor que a distância focal também em uma lente convergente, como no segundo caso do Quadro 4.3, a imagem formada é virtual, direita e aumentada. Esse tipo de lente constitui lupas e lentes de aumento, com muita frequência e em diversas aplicações, como microscópios e telescópios, em associação com lentes divergentes.

Perguntas & respostas

Qual é a imagem formada por uma lupa?

A imagem gerada é dita *imprópria* e, na prática, não há formação de imagem nesse caso.

4.3.4 Equações das lentes delgadas

No início deste capítulo, relembramos o fenômeno de refração e a lei de Snell. Com base nessa lei, é possível derivar algumas expressões importantes de análise de imagem em superfícies transparentes com índices de refração distintos. Considerando-se a aproximação de ângulos pequenos (objetos distantes e raio R de curvatura grande), um ponto do objeto em p, localizado no meio com índice de refração n_1, tem sua imagem observada no meio de índice de refração n_2 a uma distância p', obedecendo à seguinte equação:

$$\frac{n_1}{p} + \frac{n_2}{p'} = \frac{n_2 - n_1}{R}$$

Em uma lente delgada, os raios luminosos atravessam uma superfície refratora duas vezes. A imagem formada pela primeira interação serve de objeto para a segunda, gerando uma imagem final. Para definir o foco de uma lente delgada, é preciso conhecer o raio de curvatura de cada uma das interfaces. Imaginemos que essa lente delgada seja utilizada no ar (índice de refração $n_{ar} = 1$) e composta de um material de índice de refração n, que o raio de curvatura da interface mais próxima ao objeto seja R_1 e que o raio de curvatura da segunda interface seja R_2. Nesse cenário, o foco da lente é dado pela equação:

$$\frac{1}{f} = (n-1)\left(\frac{1}{R_1} - \frac{1}{R_2}\right)$$

Essa equação é conhecida como *equação do fabricante de lentes*. A imagem adiante mostra algumas estruturas possíveis de lentes delgadas. Atente-se para o fato de que lentes mais finas nas bordas e mais grossas na região central são convergentes, ao passo que lentes com as bordas mais grossas e centro mais fino são divergentes.

Figura 4.10 – Principais tipos de lentes (criadas por raios de curvatura distintos nas interfaces de entrada e saída da superfície do material)

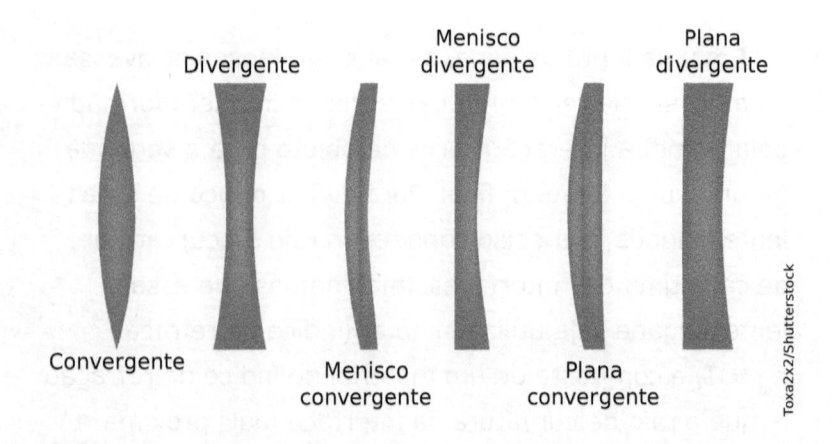

Fonte: Bauer; Westfall; Dias, 2013, p. 147.

Conhecida a distância focal de uma lente delgada, a posição da imagem e seu aumento são determinados exatamente da mesma forma que nos espelhos. A equação da lente delgada é dada por:

$$\frac{1}{f} = \frac{1}{p} + \frac{1}{p'}$$

Em que p e p' são as posições do objeto e da imagem, respectivamente. O aumento linear transversal (A) é definido como a razão entre o tamanho da imagem (i) e o do objeto (o), equacionados por:

$$A = \frac{i}{o} = -\frac{p}{p'}$$

Para evitar equívocos em cálculos e conclusões, é importante sempre estar atento à convenção de sinais, explanada no Quadro 4.4.

Quadro 4.4 – Convenção de sinais para a equação das lentes esféricas

Variável	Descrição	Características
R	Raio de curvatura, distância do centro da lente ao centro de curvatura	+ (para superfícies convexas em relação ao objeto) – (para superfícies côncavas em relação ao objeto).
f	Distância focal	Sempre + (para o padrão de posição do objeto)

(continua)

(Quadro 4.4 – conclusão)

Variável	Descrição	Características
p	Distância do ponto P do objeto à lente, traçada paralelamente ao eixo principal	+ (para imagem real, oposta ao objeto) − (para imagem virtual, mesmo lado do objeto)
p'	Distância do ponto P' da imagem à lente, traçada paralelamente ao eixo principal	+ (para imagem real, oposta ao objeto) − (para imagem virtual, mesmo lado do objeto)
A	Ampliação da imagem relativa ao objeto	+ (imagem direita) − (imagem invertida) A>1 (imagem ampliada) A<1 (imagem reduzida)

Fonte: Bauer; Westfall; Dias, 2013, p. 236.

Pode parecer complicado no início, mas trabalhar com a equação das lentes delgadas e a equação dos fabricantes de lentes é bastante simples. Acompanhe exemplos na sequência e compreenda melhor esse tópico.

4.3.5 Lentes e aplicações

Uma das aplicações mais naturais de lentes em nosso dia a dia está, literalmente, na frente de nossos olhos. A visão humana, de que trataremos em detalhes no próximo capítulo, foi desenvolvida graças a um interessante sistema de lentes convergentes, que é composto por córnea, humor aquoso, cristalino e músculos ciliares. Especificamente o cristalino tem um papel fundamental: é uma lente de vergência variável.

Vergência (C) é uma grandeza inversa à distância focal e definida por:

$$C = \frac{1}{f'}$$

A unidade de vergência, no Sistema Internacional de Unidades (SIU), é a dioptria. No entanto, popularmente, chamamos de "graus" – aquele mesmo obtido nas consultas com o oftalmologista.

O cristalino tem vergência variável porque a distância focal do olho humano também varia. O intuito disso é projetar uma imagem real (e invertida) nítida na retina, que transporta a imagem ao cérebro pelo nervo óptico.

Ao mirar o horizonte, um olho emétrope (com visão perfeita) fica mais relaxado, com ponto focal localizado no fundo deste. Já na observação de um elemento que está mais perto, é preciso aproximar o ponto focal do cristalino, a fim de obter uma imagem mais nítida.

Espera-se que uma pessoa em torno dos 30 anos seja capaz de enxergar nitidamente desde objetos a uma distância de 25 cm de seu olho até itens infinitamente distantes. A distância mínima em que uma pessoa enxerga bem é chamada de *ponto próximo*, e a distância máxima, de *ponto distante*.

O avançar da idade e alguns defeitos na visão alteram esses parâmetros, fazendo com que não se enxerguem bem objetos muito distantes, como é o caso da miopia (ponto distante reduzido), ou mais próximos, como é o caso da hipermetropia (ponto próximo afastado).

Existem, porém, soluções para esses problemas. A mais usual e simples é o uso de lentes corretivas, em óculos ou lentes de contato. Há também a possibilidade cirúrgica, via *laser*, chamada *Lasik*. A cirurgia consiste em remover parte da córnea, deixando-a menos curvada (menos convergente), no caso de miopia, ou mais curvada (mais convergente), no caso de hipermetropia.

Sistema visual

5

Conteúdos do capítulo:

- Interferência da luz.
- Difração da luz.
- Olho humano: partes e funcionamento.
- Fendas e filme fino: experimentos e descrição matemática

Após o estudo deste capítulo, você será capaz de:

1. diferenciar interferência e difração;
2. realizar os cálculos das diversas interferências;
3. explicar conceitos referentes ao olho humano como instrumento óptico.

Neste capítulo, estudaremos o sistema visual, que é responsável por detectar e interpretar estímulos luminosos, manifestados por ondas eletromagnéticas.

Nosso olho é capaz de distinguir o brilho e o comprimento de onda da luz, que se traduzem na cor desta. Sendo assim, ele captura padrões de iluminação que estejam dentro de um espectro visível. Todos esses padrões são enviados à retina – a estrutura que dá início ao processamento visual.

Você certamente já notou a luz solar entrando por uma pequena abertura na parede e projetando-se no piso. Percebeu que a projeção, quanto mais distante, torna-se maior do que a própria abertura? Verificou o que acontece se a parede tiver duas ou mais aberturas pequenas e próximas?

Esse efeito, que a luz produz ao atravessar frestas/espaços é conhecido como *difração da luz*. Já quando se trata de duas ou mais aberturas muito pequenas, o fenômeno resultante é denominado *interferência da luz*.

Embora sejam conceitos um pouco diferentes, os efeitos físicos associados são muito similares, desde que o experimento seja executado apropriadamente. Examinaremos situações que problematizam esses fenômenos, de forma a evidenciar sua natureza ondulatória. Ainda, descreveremos matematicamente a interferência em fendas duplas e em filmes finos.

Por fim, apresentaremos as principais estruturas que compõem os olhos humanos e sua relação funcional, a qual permite captar os estímulos visuais, e abordaremos as estruturas neuronais incumbidas de transmitir essas informações e de processar cores, formas e padrões tridimensionais do ambiente ao redor.

5.1 Fenômenos de interferência e difração

Para explicar os fenômenos da óptica, normalmente são utilizados os modelos teóricos de luz: o de ondas, o de raios e o de fótons (Knight, 2009b). A interferência e a difração da luz são mais bem descritas por meio do modelo ondulatório, além de serem investigadas pela óptica física.

Embora esses dois fenômenos façam parte da óptica, podem acontecer com qualquer tipo de onda (não só com a luz visível), como as sonoras ou as sobre a água. A seguir, conceituaremos ambos em detalhes.

5.1.1 Interferência da luz

Quando a chuva cai sobre uma mancha de óleo na estrada, podem ser observadas belas cores na superfície que lembram um arco-íris. Verifica-se o mesmo efeito em bolhas de sabão (Figura 5.1). Esses eventos resultam da interferência, que consiste nas reflexões entre as camadas superior e inferior do óleo ou da película da bolha (Young; Freedman, 2009).

Figura 5.1 – Coloração da bolha de sabão decorrente do fenômeno de interferência

Siwakorn1933/Shutterstock

A interferência evidencia a superposição de duas ou mais ondas, o que suscita novas formas de onda. Esse processo é assim explanado pelo **princípio de superposição**: "Quando duas ou mais ondas se superpõem, o deslocamento resultante em qualquer ponto em um dado instante pode ser determinado somando-se os deslocamentos instantâneos de cada onda como se ela estivesse presente sozinha" (Young; Freedman, 2009).

Cabe notar que as ondas de luz se propagam em sistemas de três dimensões; então, muitas das simplificações podem ser analisadas em sistemas de duas dimensões (como no caso das ondas na água). Aqui, entenderemos como ocorrem as interferências com ondas geradas por fontes idênticas, cujo exame pode ser feito em duas ou três dimensões.

De acordo com Young e Freedman (2009), a noção de interferência de ondas é mais facilmente assimilada quando se estudam ondas senoidais de uma única frequência f e comprimento de onda λ, como na imagem a seguir, que traz um instantâneo das ondas geradas por uma única fonte S1.

Figura 5.2 – Ondas senoidais com uma única fonte pontual, movimentando-se a uma velocidade v em um plano dimensional e em todas as direções

Frentes de onda: cristas de onda (frequência f) distanciadas de um comprimento de onda λ

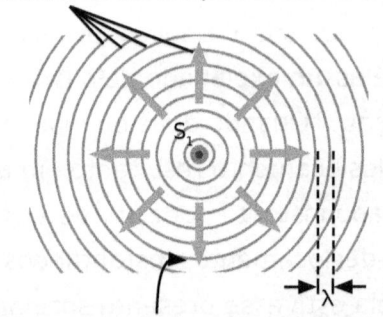

As frentes de onda se deslocam a partir da fonte S_1 com a velocidade de onda $v = f\lambda$

Fonte: Young; Freedman, 2009, p. 85.

Nesse item, podem ser observadas apenas as cristas das ondas, ou seja, seus máximos, razão por que o comprimento da onda é a distância entre essas cristas. Constata-se também que a onda se espalha livremente em todas as direções; logo, não há interferências ou refrações com outras ondas. Como o meio por onde a onda se desloca é uniforme, as frentes de ondas são circunferências (ou esféricas, se for em sistema tridimensional) (Young; Freedman, 2009).

Ainda segundo Young e Freedman (2009), uma onda senoidal pura é uma luz monocromática, ou seja, apresenta somente uma cor. No entanto, é bastante difícil obter uma fonte de luz que emita uma frequência de onda específica. Por exemplo, as lâmpadas incandescentes ou as de tubo fluorescente emitem uma gama de frequências de comprimento de ondas.

Uma forma de alcançar uma faixa estreita de comprimento de onda – conseguindo, assim, uma única luz – são os filtros de luz. Outra possibilidade precisa e que requer pouco investimento é o *laser* de hélio--neônio, cuja luz vermelha tem comprimento de onda de 632,8 nm (nanômetro). Nessa perspectiva, todas as análises de interferência e difração de luz são sempre consideradas fontes de luz monocromáticas.

Interferências construtiva e destrutiva

Para exemplificar as interferências construtiva e destrutiva, trazemos o Gráfico 5.1, em que se verificam duas fontes de ondas monocromáticas similares denominadas S_1 e S_2.

Gráfico 5.1 – Duas fontes de ondas separadas a uma distância de 4λ

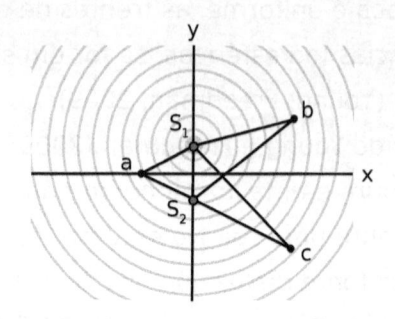

Fonte: Young; Freedman, 2009, p. 86.

O gráfico ilustra um instante em que existem duas fontes monocromáticas (S_1 e S_2) e três pontos (a, b e c) para a análise de interferências. É importante destacar que essas fontes têm os mesmos comprimento de onda, amplitude e fase, e que estão "sintonizadas" ou vibram em sincronia.

As ondas, por sua vez, são do tipo tridimensional, mas a análise deve ser feita em um plano xy. Esse tipo de onda pode ser mecânica (por exemplo, ondas na água ou sonoras) ou eletromagnética (ondas de origem coerente: antena monopolo ou duas fontes de luz).

Preste atenção!

Duas fontes de ondas são coerentes quando apresentam a mesma frequência (uma constante entre a relação das fases). Todavia, não precisam estar em fase entre si nem ter a mesma intensidade (Young; Freedman, 2009).

Ainda no gráfico anterior, o ponto *a* está sobre o eixo O_x e à mesma distância das fontes S_1 e S_2. Dessa forma, o tempo de deslocamento das ondas a partir de S_1 e de S_1 até o ponto *a* é o mesmo. Também, se as duas fontes estão em fase, as duas frentes de ondas atingem o ponto *a* no mesmo instante. Isso produz uma onda resultante, que é a soma de ambas as ondas – nesse caso, o dobro. Essa condição é verdadeira ainda para o ponto *b* e para todo ponto sobre o eixo O_x. Conforme Young e Freedman (2009), esse efeito é conhecido como *interferência construtiva* (Figura 5.3).

Figura 5.3 – Interferência construtiva

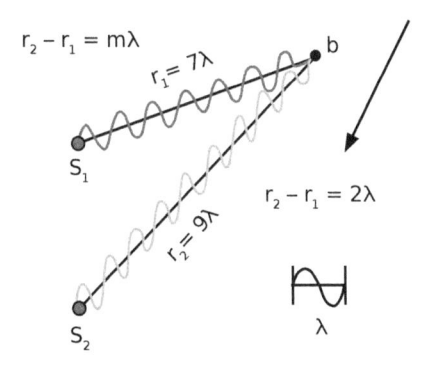

$r_2 - r_1 = m\lambda$

$r_1 = 7\lambda$

S_1

$r_2 = 9\lambda$

$r_2 - r_1 = 2\lambda$

S_2

λ

Fonte: Young; Freedman, 2009, p. 86.

Em consonância com a imagem, para que aconteça uma interferência construtiva no ponto *b*, as distâncias das fontes S_1 e S_2 até o ponto *b* devem ser r_1 e r_2, respectivamente. Para tanto, a diferença entre as distâncias deve ser um múltiplo inteiro do comprimento de onda λ, de acordo com (1):

$$r_2 - r_1 = m\lambda \;(m = 0, 1, 2...) \quad (1)$$

No Gráfico 5.1, observa-se que, tanto o ponto *a* quanto o ponto *b*, satisfazem a condição de interferência construtiva, com $m = 0$ e $m = +2$, respectivamente, ao passo que o ponto *c* não, pois *m* não é um número inteiro ($r_2 - r_1 = -2{,}5\lambda$).

Quando as ondas não estão em fase e a diferença de fase é igual a meio ciclo da onda (caso do ponto *c*), a amplitude da onda resultante é a diferença das amplitudes de cada uma das ondas. Assim, quando as amplitudes das ondas são iguais, o valor da amplitude da onda resultante é zero (Young; Freedman, 2009). Esse tipo de cancelamento da onda é chamado de *interferência destrutiva*.

Desse modo, para que haja destruição da onda resultante, a condição refere-se a (2).

$$r_2 - r_1 = \left(m + \frac{1}{2}\right)\lambda \;(m = 0, 1, 2...) \quad (2)$$

Considerando-se o ponto *c* do Gráfico 5.1, é possível resolver (2) e obter um valor de $m = -3$. Esse cancelamento de onda pode ser mais bem examinado na Figura 5.4.

Figura 5.4 – Interferência destrutiva

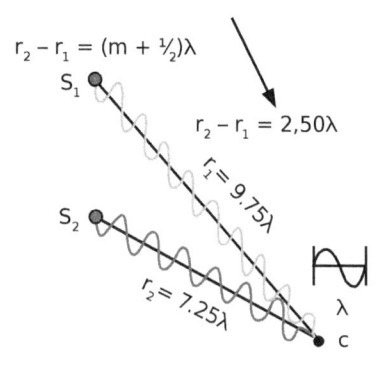

$$r_2 - r_1 = (m + \tfrac{1}{2})\lambda$$
$$r_2 - r_1 = 2{,}50\lambda$$
$$r_1 = 9{,}75\lambda$$
$$r_2 = 7{,}25\lambda$$

Fonte: Young; Freedman, 2009, p. 86.

Nessa representação, o ponto c se encontra em um vale, uma vez que, nesse ponto, quando o valor da crista de uma onda é máximo, o valor da outra onda é mínimo, produzindo o cancelamento da onda resultante quando as fontes são coerentes e de mesma intensidade. No entanto, a onda resultante não só pode ser destrutiva ou construtiva, mas também intermediária, quando a soma de ambas as ondas gera uma onda de valor intermediário (Young; Freedman, 2009).

5.1.2 Difração da luz

De acordo com Hewitt (2015), a difração ocorre quando a luz sofre um desvio de sua trajetória retilínea, sem considerar os efeitos da reflexão ou da refração. Assim, a difração pode ser definida como o encurvamento dos raios de luz que passam nas bordas de um objeto e geram uma imagem distorcida ou confusa. Esse efeito pode ser visto criando-se ondas mecânicas na superfície da água ou empregando-se uma fonte de luz, como ilustrado no item adiante.

Figura 5.5 – Luz atravessando diferentes tipos de abertura e gerando uma projeção na parede: (a) abertura maior, menor difração e sombras com bordas bem-definidas; (b) abertura pequena, maior difração da luz e limite da borda da sombra indefinido

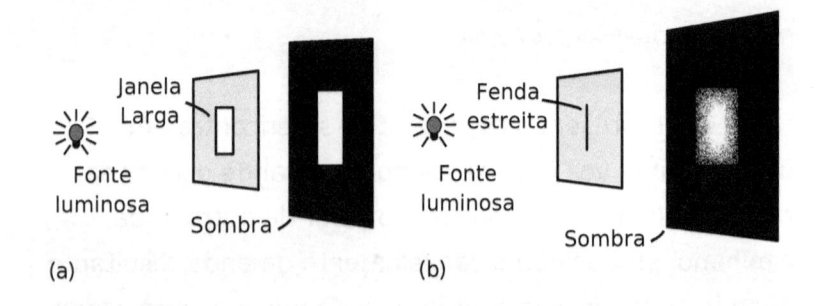

Fonte: Hewitt, 2015, p. 547.

No item (a), vemos que, quando a luz apresenta comprimento de onda menor do que a abertura pela qual está passando, a projeção na parede cria uma sombra com bordas bem-definidas.

No item (b), verificamos que, quando a luz atravessa uma pequena ranhura cuja largura é menor que seu próprio comprimento de onda (por exemplo, uma lâmina de barbear ou uma cartolina), a luz se difrata e não apresenta uma borda definida, permitindo uma boa diferenciação entre a sombra e a luz. Assim, é possível perceber uma borda que vai se desvanecendo e passa, gradualmente, da luz à sombra, o que configura uma alteração menos definida se comparada ao primeiro caso e um bom exemplo de difração da luz (Hewitt, 2015).

O fenômeno da difração não acontece somente em fendas pequenas ou aberturas, mas com todos os tipos de sombras. Se você examinar com cuidado uma abertura grande, concluirá que sua projeção, mesmo que próxima, não apresentará bordas bem-definidas.

Portanto, o grau de difração da luz é proporcional ao tamanho da fenda ou obstrução pela qual a luz atravessa e a sombra é projetada. Assim, ondas de maior comprimento λ são mais suscetíveis à difração (Hewitt, 2015), como no exemplo da Figura 5.6.

Figura 5.6 – Comprimento de onda λ comparado com o tamanho dos objetos que impacta: (a) λ maior = onda se espalha dentro da região da sombra; (b) λ igual = sombra preenchida rapidamente; (c) λ menor = sombra projetada bem-definida

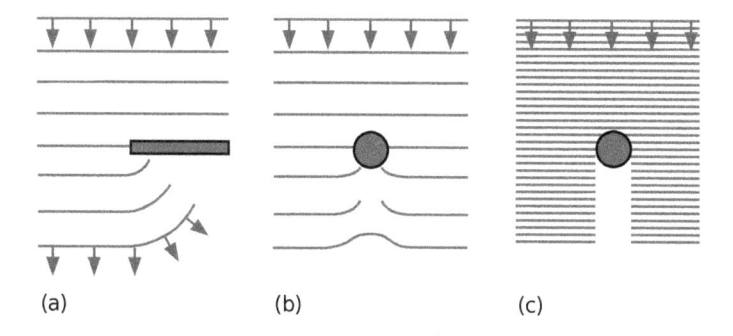

(a) (b) (c)

Fonte: Hewitt, 2015, p. 548.

Conforme a figura, dependendo do comprimento da onda em questão, os objetos podem ou não ser visíveis, o que se verifica em ondas eletromagnéticas de rádio. O item (a) é um exemplo dos transmissores de rádio AM (*amplitude modulation*, ou modulação em amplitude), cujo comprimento de onda é muito maior do que um prédio (de 180 até 550 m), de forma que as ondas podem rodeá-lo sem distorção, permitindo que os ouvintes sigam acompanhando a cobertura da rádio tranquilamente.

Da mesma forma, o item (b) traz o caso de uma rádio FM (*frequency modulation*, ou modulação em frequência), cujos comprimentos de onda são menores do que os de uma rádio AM (2,8 até 3,4 m). Em razão disso, as ondas não podem rodear os prédios com tanta facilidade.

Por conseguinte, às vezes existem "distorções" do sinal das estações de rádio FM perto de grandes construções, pois ele perde sua intensidade mais facilmente.

No caso das ondas de rádio AM e FM, não temos interesse de "ver" os prédios ou os objetos no caminho das ondas, de modo que a difração não prejudica e é benéfica, porque é possível escutar rádio no interior e no entorno desses espaços.

No item (c), por sua vez, há um caso extremo, quando o comprimento de onda λ é muito menor do que o objeto, como é o caso da própria luz do Sol quando incide sobre edifícios. Nessa situação, a difração é praticamente nula. Ela não é desejada, por exemplo, quando utilizamos um microscópio para observar objetos muito pequenos. Se o tamanho do objeto é praticamente igual ao λ da luz utilizada no aparelho, ocorre difração e a imagem obtida não é clara. Se o objeto é menor, não é possível observá-lo, e a imagem completa é perdida por causa da difração.

Mesmo que se melhore a qualidade do aparelho, existe um limite físico; assim, a difração não permite visualizar até determinado tamanho de objetos (Hewitt, 2015).

Preste atenção!

Hoje já existem microscópios eletrônicos, cuja resolução é muito maior do que nos microscópios ópticos. Eles "iluminam" pequenos objetos com feixes de elétrons, que apresentam um comprimento de onda muito menor do que a luz visível. Dessa forma, é possível observar itens extremamente pequenos. Para isso, esses dispositivos não utilizam lentes, mas campos elétricos e magnéticos para focar e ampliar imagens (Hewitt, 2015).

Até aqui, foram apresentados os conceitos de difração e interferência da luz, facilmente explicados utilizando-se outras analogias mecânicas ou o espectro eletromagnético. Vimos, ainda, que existem interferências do tipo construtiva e destrutiva, que dependem do momento em que as frentes de ondas se encontram em um ponto. Na próxima seção, analisaremos alguns exemplos e aplicações comuns de difração e interferência da luz.

5.1.3 Problemas práticos de interferência e difração

Sempre é mais fácil compreender a teoria quando se aplicam os conceitos a problemas cotidianos, especialmente em se tratando dos fenômenos da luz e dos comportamentos de onda. Por isso, na sequência, veremos alguns exemplos práticos de difração e interferência da luz.

Experimento da interferência em fendas simples

Newton afirmava que a luz se movimenta de forma retilínea e uniforme. De fato, ele teria chegado a outra conclusão se tivesse realizado a experiência da Figura 5.7.

Figura 5.7 – Comportamento da luz quando atravessa uma ranhura muito estreita

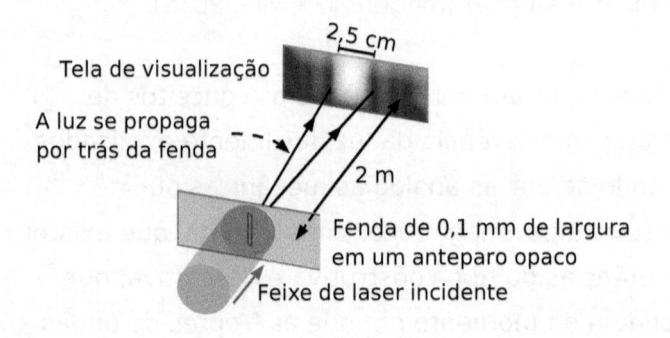

Fonte: Knight, 2009b, p. 672.

De acordo com a ilustração e com a teoria de Newton, quando a luz passa por uma fenda muito estreita (por exemplo, de 0,1 mm), deveríamos obter uma projeção na parede com as mesmas medidas. Essa projeção deveria ser muito mais afastada do que a ranhura por onde a luz atravessa (por exemplo, de 2 m). No entanto, esse comportamento esperado por Newton não acontece, visto que a projeção na parede é, na verdade, bem maior do que a fenda (aproximadamente, 2,5 cm) por onde passa a luz inicialmente, e a potência dessa luz se distribui em ambos os lados, apresentando o efeito da difração; uma prova de que a luz se comporta como onda (Knight, 2009b).

Experimento da fenda dupla

Outro experimento interessante, mas que serve para demonstrar o efeito da interferência, é o experimento da fenda dupla. Ele consiste em duas fendas estreitas (de aproximadamente 0,1 mm) separadas por uma distância também pequena (na ordem dos 0,05 mm), pelas quais uma luz coerente (um *laser*, por exemplo) atravessa, realizando uma projeção na parede ou na tela (Figura 5.8).

Figura 5.8 – Interferência da luz em duas fendas estreitas:
(a) feixe de luz atravessando as fendas e fazendo a projeção;
(b) propagação das ondas e visualização das interferências

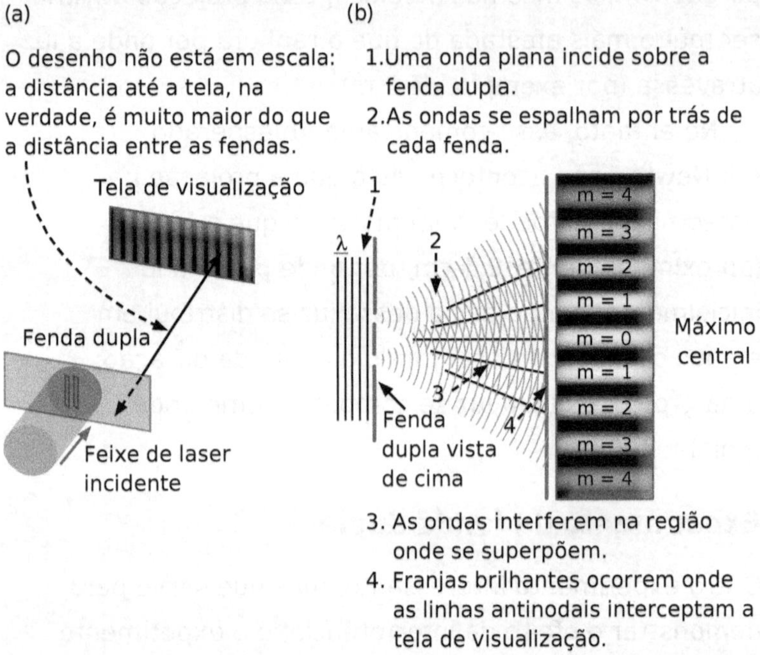

(a)
O desenho não está em escala: a distância até a tela, na verdade, é muito maior do que a distância entre as fendas.

- Tela de visualização
- Fenda dupla
- Feixe de laser incidente

(b)
1. Uma onda plana incide sobre a fenda dupla.
2. As ondas se espalham por trás de cada fenda.

- λ
- Fenda dupla vista de cima
- $m = 4$
- $m = 3$
- $m = 2$
- $m = 1$
- $m = 0$ Máximo central
- $m = 1$
- $m = 2$
- $m = 3$
- $m = 4$

3. As ondas interferem na região onde se superpõem.
4. Franjas brilhantes ocorrem onde as linhas antinodais interceptam a tela de visualização.

Fonte: Knight, 2009b, p. 673.

O experimento do item (a) foi empreendido primeiramente pelo físico inglês Thomas Young, no ano de 1801. Para executá-lo, precisa-se que a intensidade da luz coerente que incide sobre as duas fendas seja a mesma (embora Young tenha usado a luz do Sol para esse experimento, uma fonte coerente traz resultados melhores e mais contrastantes).

No item (b), é possível se situar em um ponto de vista planar do experimento (o equivalente a olhar as ondas mecânicas sobre a superfície da água). Assim, devido ao fato de as fendas serem bem estreitas, a luz realiza o mesmo efeito de difração mostrado na Figura 5.7. Contudo, como existem duas fendas (ou duas fontes), as ondas de cada fonte se superpõem durante o trajeto destas até a parede, produzindo clara interferência entre as duas fontes, como visto no comportamento das ondas apresentadas na tela.

Como é de se esperar, a intensidade da luz é maior (interferência construtiva) na linha antinodal projetada (as cristas das ondas), e não existe luz justamente nas linhas nodais (no vale da onda), precisamente onde a onda é cancelada (interferência destrutiva).

Essa projeção da luz cuja intensidade varia é denominada *franjas de interferência*. Essas franjas são numeradas como m = 1, 2, 3 ... a partir do centro da projeção e para ambos os lados, onde a região central (franja mais clara) corresponde a m = 0 e corresponde ao máximo central (Knight, 2009b).

Descrição matemática do fenômeno da interferência na fenda dupla e em filmes finos

Na Figura 5.8, trouxemos um experimento referente ao fenômeno da interferência da luz. Agora, vamos analisar esse experimento do ponto de vista matemático. Veremos que a distância d entre as duas fendas ou ranhuras é muito menor que a distância L até a parede em que elas são projetadas, como pode ser constatado na Figura 5.9.

Figura 5.9 – Análise geométrica do experimento de interferência de luz utilizando o modelo de fenda dupla

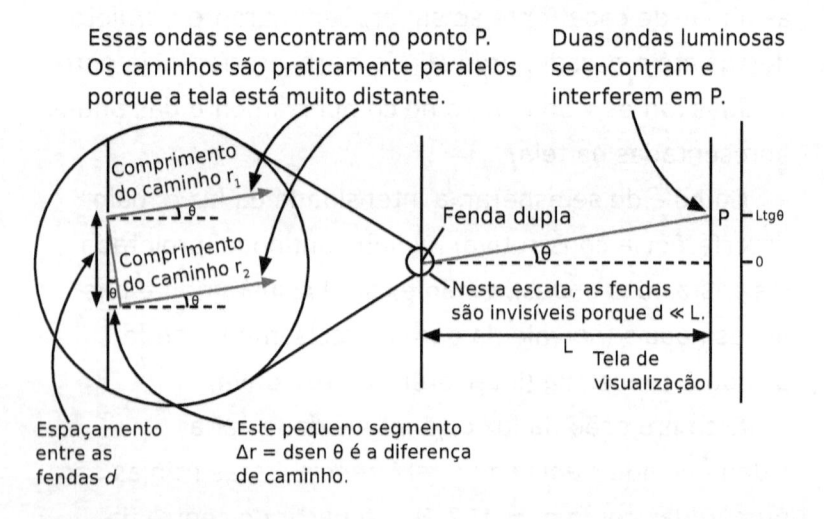

Essas ondas se encontram no ponto P. Os caminhos são praticamente paralelos porque a tela está muito distante.

Duas ondas luminosas se encontram e interferem em P.

Comprimento do caminho r_1

Comprimento do caminho r_2

Fenda dupla

Nesta escala, as fendas são invisíveis porque d ≪ L.

Tela de visualização

Espaçamento entre as fendas d

Este pequeno segmento $\Delta r = d\, \text{sen}\, \theta$ é a diferença de caminho.

Fonte: Knight, 2009b, p. 674.

Observe que há um ponto P na tela de visualização em que duas ondas se interferem; esse ponto se encontra em um ângulo θ em relação a uma linha imaginária entre a fenda e a tela. Com base nisso, pode-se afirmar que a onda produzida pela interferência é construtiva, destrutiva ou intermediária?

O ângulo θ é praticamente o mesmo para as ondas de luz que saem de cada fenda, pois a parede é muito maior que a distância entre elas, de forma que "os raios" de luz são praticamente paralelos.

Outra consideração é que ambas as fendas são iluminadas pela mesma fonte de luz coerente, então elas "emitem" duas fontes de luz coerentes que estão em fase entre elas e com a mesma intensidade (Knight, 2009b). Como pontuado anteriormente, a interferência em um ponto específico é construtiva se responde a equação (3).

$$\Delta r = m\lambda \ (m = 0, 1, 2...) \quad (3)$$

Dessa forma, se, no ponto P, satisfaz-se a equação (3), a interferência é construtiva e produz-se uma franja brilhante, como na Figura 5.8. De acordo com Knight (2009b, p. 674), "a franja brilhante de ordem *m* ocorre onde a onda proveniente de uma fenda percorre *m* comprimentos de onda a mais do que a onda proveniente da outra fenda e, portanto, $\Delta r = m\lambda$".

Observe, ainda, que o "raio de luz" que vem da fenda inferior percorre uma distância maior de $\Delta r = d \cdot \text{sen}(\theta)$, que, se substituída em (3), obtém-se (4):

$$\Delta r = (m\lambda) = d \cdot \text{sen}(\theta_m) \ (m = 0, 1, 2...) \quad (4)$$

De acordo com (4), as franjas de maior brilho acontecem nos ângulos θm, sendo que a franja mais intensa ocorre quando m = 0, ou seja, no centro. Uma vez que a distância entre as fendas é muito menor que a distância com a tela d << L, o ângulo também é pequeno, θ < 1°, o que permite a aproximação de sen(θ) ≈ θ, quando tratado em radianos. Dessa forma, pode-se chegar à equação (5):

$$\theta_m = m\frac{\lambda}{d} \ (m = 0, 1, 2...) \quad (5)$$

Com (5), é possível conhecer as posições angulares das franjas brilhantes, cujos ângulos são tratados sempre em radianos. No entanto, é mais fácil conhecer a posição do ponto P em relação a um sistema *xy* antes que seu ângulo. Assim, coloca-se a origem de coordenadas em tela, na horizontal das duas fendas, como apresentado na Figura 5.9. Assim, de acordo com Knight (2009b), a posição das coordenadas em função do ângulo é dada conforme (6):

$$y = L \cdot \tan\theta \quad (6)$$

Considerando-se novamente pequenos ângulos, em que $\tan(\theta) \approx \theta$, substituindo-se (6) em (5), chega-se a (7):

$$y_m = \frac{m\lambda L}{d} \quad (m = 0, 1, 2 \ldots) \quad (7)$$

De acordo com a equação (7), é possível obter os valores das posições *ym* de interferência construtiva, em que as franjas são mais brilhantes e estão distanciadas na ordem *m* tanto para o eixo *y* positivo quanto para o eixo *y* negativo.

A aproximação de que d << L só é possível para sistemas em que os comprimentos de ondas são muito curtos, λ << 1 m. Essa aproximação não pode ser aplicada a ondas sonoras ou ondas mecânicas na superfície da água.

A equação (7) apresenta uma solução para as posições das interferências construtivas vistas na Figura 5.8 (franjas mais intensas) e que estão equidistantes. Para definir matematicamente que essas linhas são equidistantes, Knight (2009b) afirma que o espaço entre as franjas m e $m+1$ é definido por (8):

$$\Delta y = y_{m+1} - y_m = \frac{(m+1)\lambda L}{d} - \frac{m\lambda L}{d} = \frac{\lambda L}{d} \quad (8)$$

Como verificado em (8), o espaçamento entre as franjas brilhantes não depende do m; é um valor constante. Agora, analisando novamente a Figura 5.8, vemos que existem franjas escuras na projeção, as quais correspondem aos pontos onde acontecem as interferências destrutivas. Como já mencionado na equação (2), a interferência destrutiva efetiva-se no caminho das ondas onde há um número semi-inteiro do comprimento de onda, em que $\Delta r = (m + 0,5)\lambda$.

Com a aproximação dos ângulos pequenos para determinar as franjas escuras, obtém-se a equação (9):

$$y'_m = \left(m + \frac{1}{2}\right)\frac{\lambda L}{d} \quad (m = 0, 1, 2 \ldots) \quad (9)$$

Em que $y'm$ corresponde aos vales da projeção de ordem m, que são os pontos em que a onda resultante é nula ou destruída. Segundo Knight (2009b), é possível observar, de forma matemática, que as franjas escuras estão exatamente no meio das duas franjas brilhantes.

Exemplificando

Considere a luz de um *laser* de hélio-neônio, cujo $\lambda = 633$ nm, projetada sobre duas fendas espaçadas por 0,35 mm, similar ao apresentado na Figura 5.8. A parede em que a luz se projeta encontra-se a 2 m de distância das fendas. Quando projetadas as interferências da luz, qual é a distância entre as franjas brilhantes?

Como o padrão de interferência é similar ao apresentado na Figura 5.8, as franjas brilhantes são equidistantes. Como não temos interesse na posição da máxima franja brilhante, mas em seu espaçamento, é possível utilizar a equação (7) para a resolução. Considerando os dados, temos:

$$\Delta y = \frac{\lambda L}{d} = \frac{6{,}33 \cdot 10^{-7} \cdot 2}{3{,}5 \cdot 10^{-4}} = 3{,}6 \cdot 10^{-3} \text{ m}$$

Assim, se fizéssemos um experimento similar ao da Figura 5.8, a distância entre as franjas brilhantes seria de 3,6 mm.

5.2 Partes do olho humano

A principal função do olho é captar estímulos luminosos e transformá-los em potenciais de ação capazes de serem enviados para áreas corticais responsáveis pelo processamento da visão. Trata-se de um processo no qual a luz emitida no ambiente externo é transformada em uma imagem mental. Para tanto, faz-se necessário:

1. Captar a luz no olho, focando-a na retina;
2. Realizar a transdução da energia luminosa em sinal elétrico pelos fotorreceptores;
3. Transmitir esses estímulos da retina para o cérebro.

A Figura 5.10 ilustra as principais estruturas que compõem o olho.

Figura 5.10 – Anatomia do olho

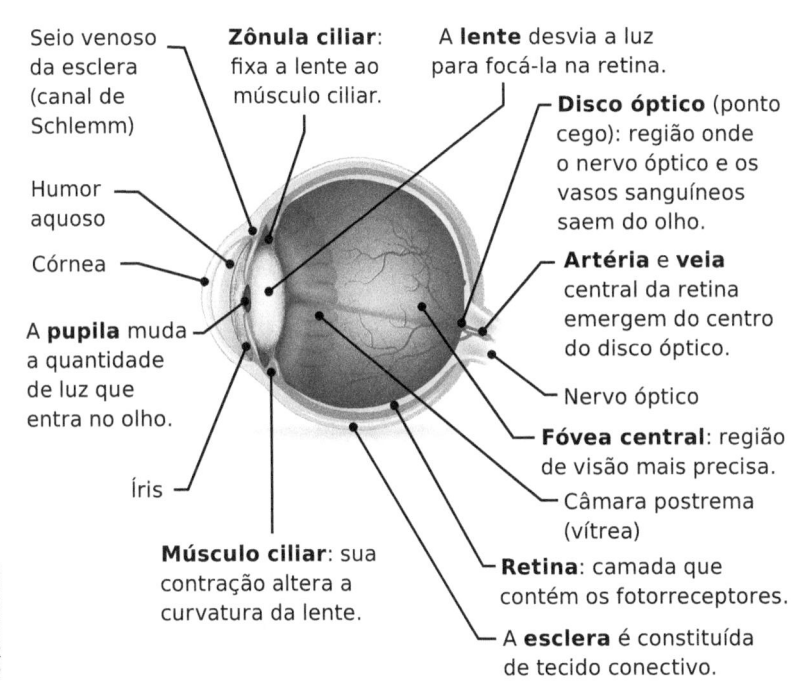

Seio venoso da esclera (canal de Schlemm)

Humor aquoso

Córnea

A **pupila** muda a quantidade de luz que entra no olho.

Íris

Zônula ciliar: fixa a lente ao músculo ciliar.

Músculo ciliar: sua contração altera a curvatura da lente.

A **lente** desvia a luz para focá-la na retina.

Disco óptico (ponto cego): região onde o nervo óptico e os vasos sanguíneos saem do olho.

Artéria e **veia** central da retina emergem do centro do disco óptico.

Nervo óptico

Fóvea central: região de visão mais precisa.

Câmara postrema (vítrea)

Retina: camada que contém os fotorreceptores.

A **esclera** é constituída de tecido conectivo.

Fonte: Silverthorn, 2017, p. 341.

O olho é protegido pela órbita, uma cavidade óssea facial, e é movimentado por seis músculos esqueléticos fixados à sua superfície externa. As pálpebras, superiores e inferiores, protegem-no contra lesões do ambiente. Seu movimento de piscar, de forma frequente, auxilia na dispersão das lágrimas, que são secretadas pelo aparelho lacrimal, cujas funções são lubrificar, limpar e neutralizar bactérias na região. Além disso, existem os cílios, que também acabam tendo função protetora ao filtrarem sujeiras transportadas pelo ar (Hall, 2011; Silverthorn, 2017).

Todas essas estruturas podem ser visualizadas na Figura 5.11.

Figura 5.11 – Anatomia externa do olho

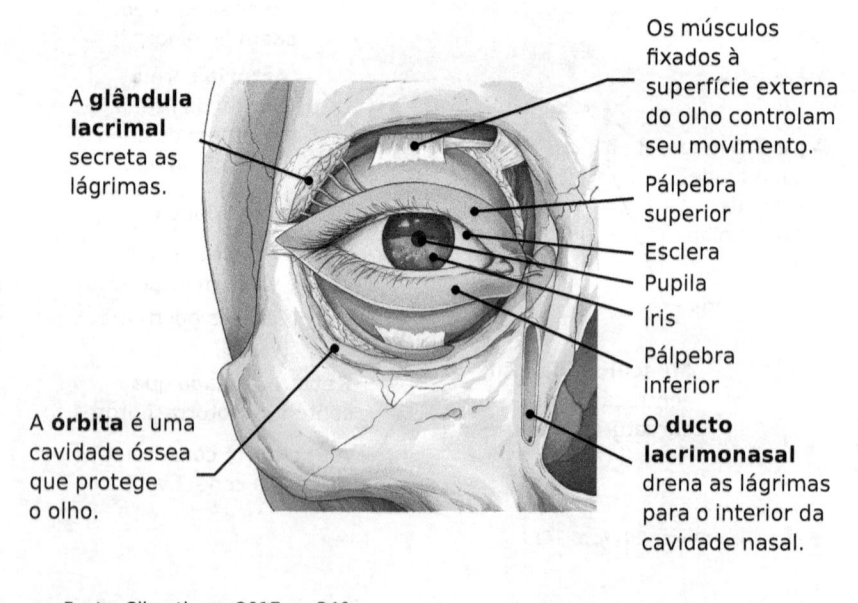

A **glândula lacrimal** secreta as lágrimas.

Os músculos fixados à superfície externa do olho controlam seu movimento.

Pálpebra superior

Esclera

Pupila

Íris

Pálpebra inferior

A **órbita** é uma cavidade óssea que protege o olho.

O **ducto lacrimonasal** drena as lágrimas para o interior da cavidade nasal.

Will Amaro

Fonte: Silverthorn, 2017, p. 340.

A parte mais anterior do olho é conhecida como *córnea*, um disco de tecido transparente por onde os raios luminosos penetram no interior do olho.

A parte branca do olho é a *esclera*, uma camada de tecido conectivo responsável por dar forma ao globo ocular, protegendo suas partes internas. A córnea está diretamente ligada à esclera. Essas duas estruturas formam uma camada externa denominada *túnica fibrosa* (Hall, 2011).

> **Preste atenção!**

Logo atrás da pupila se encontra o cristalino (lente), uma estrutura responsável por focalizar a luz por meio do ajuste de seu diâmetro (Figura 5.12). Os músculos responsáveis por isso são os ciliares, que fazem parte do corpo ciliar.

A lente é constituída por mais ou menos mil camadas de células, que perdem seus núcleos e suas organelas durante seu desenvolvimento, o que as torna transparentes. Ao longo do tempo, essas células podem se tornar rígidas, perdendo sua elasticidade, o que as impede de alterar sua forma para acomodar a visão, principalmente de perto. Essa condição é chamada de *presbiopia*. Além disso, essas células podem se tornar opacas, desenvolvendo uma condição chamada de *catarata* (Hall, 2011; Silverthorn, 2017).

Figura 5.12 – Modificação do diâmetro da lente para a acomodação visual

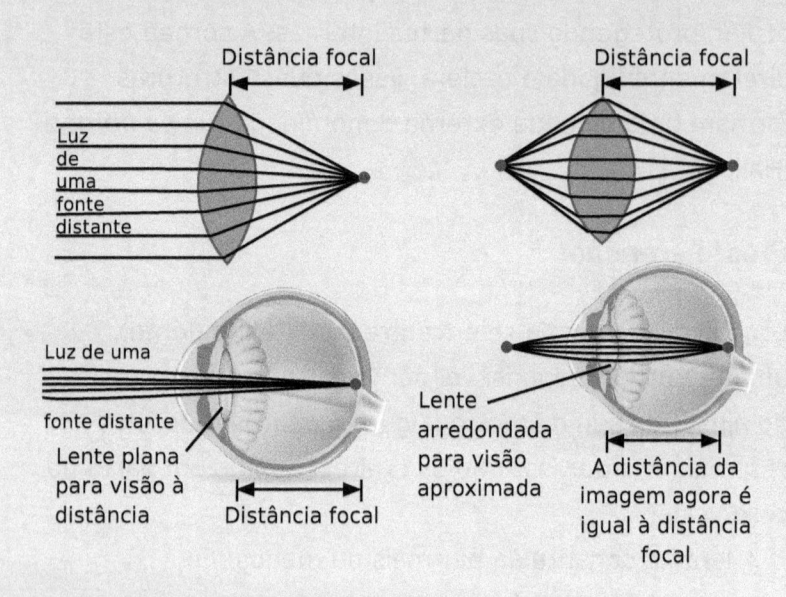

Fonte: Silverthorn, 2017, p. 344.

A porção mais interna corresponde à parte nervosa, representada pela retina. Essa estrutura consiste em uma camada pigmentada composta pelos fotorreceptores, bastonetes e cones. Esses receptores estão localizados em toda a parede posterior dos olhos, exceto no disco óptico (ponto cego), que é o local por onde o nervo óptico (II par de nervo craniano) e os vasos sanguíneos saem dos olhos.

Na parte central da retina está a mácula lútea, a qual possui uma depressão chamada de *fóvea central*, que corresponde ao local de maior acuidade visual, ou seja, onde a visão é mais precisa (Hall, 2011; Silverthorn, 2017). Na Figura 5.13, é possível conferir em detalhes essas estruturas.

Figura 5.13 – Vista da parede posterior do olho através de um oftalmoscópio

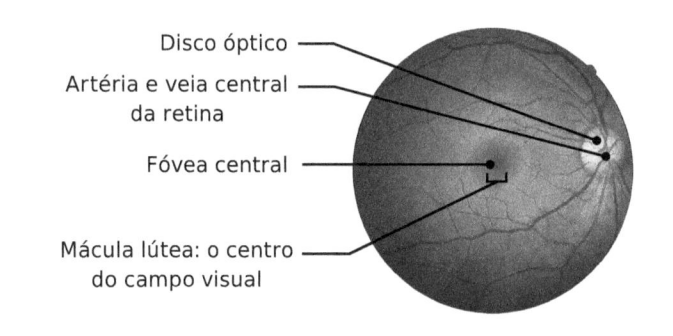

- Disco óptico
- Artéria e veia central da retina
- Fóvea central
- Mácula lútea: o centro do campo visual

Left Handed Photography/Shutterstock

Fonte: Silverthorn, 2017, p. 341.

Entre a córnea e o cristalino é encontrado um líquido que preenche essa câmara anterior, sendo responsável por transportar os nutrientes para esses dois componentes, que não dispõem de suprimentos sanguíneos diretos. Esse líquido é chamado de *humor aquoso* e é produzido pelo corpo ciliar e drenado pelo canal de Schlemm (seio venoso da esclera), localizado na extremidade da córnea (Hall, 2011; Silverthorn, 2017; Widmaier; Raff; Strang, 2017). Se houver problemas na drenagem dele, pode ocorrer glaucoma, uma condição em que há aumento da pressão dentro do olho, o que empurra a lente para trás, em direção ao interior desse órgão (Hall, 2011).

Figura 5.14 – Fluxo de líquido no olho

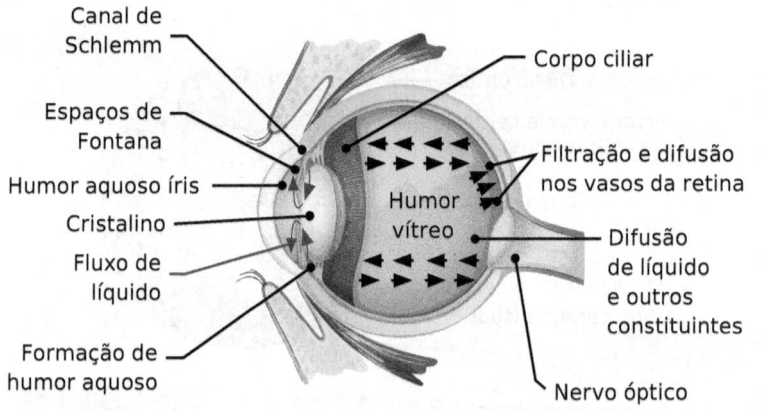

Fonte: Hall, 2011, p. 641.

Logo atrás do cristalino, preenchendo toda a câmara posterior do olho, existe o humor vítreo, uma substância gelatinosa que auxilia na manutenção do formato esférico do olho (Hall, 2011).

Como já explicado, a retina corresponde ao local onde se encontram os fotorreceptores, que realizam a transdução do estímulo visual. Existem dois tipos de fotorreceptores: os cones e os bastonetes, que são sensíveis à luz do dia e da noite, respectivamente. Os cones apresentam limiar mais alto para a luz, sendo, portanto, sensíveis luz de alta intensidade, como a diurna. Além disso, eles são responsáveis pela maior acuidade visual, estando presentes em grande concentração na fóvea, e ainda participam da visão de cores. Já os bastonetes têm um limiar mais baixo, sendo sensíveis à luz de baixa intensidade. Devido a isso, eles são adaptados para funcionar no escuro, captando e processando a visão em preto e branco. Por tal motivo, os bastonetes não possuem boa acuidade visual (Hall, 2011; Silverthorn, 2017).

Quando operam a transdução da informação visual, os fotorreceptores a enviam através de axônios das células ganglionares, que dão origem aos nervos ópticos (Hall, 2011).

A retina, por sua vez, pode ser dividida em oito camadas, onde se localizam, além desses fotorreceptores, os interneurônios, as células bipolares, as células horizontais, as células amácrinas e as células ganglionares (Hall, 2011).

Mais externamente, próxima à coroide, encontra-se a camada de células pigmentadas, com alta concentração de melanina. Adiante, tem-se a camada fotorreceptora, onde ficam os segmentos externos dos fotorreceptores.

A terceira camada é a nuclear externa, local dos núcleos dos fotorreceptores, ao passo que a quarta camada é a plexiforme externa, onde se localizam os elementos pré e pós-sinápticos dos fotorreceptores, bem como as células horizontais e bipolares. Em seguida, onde se encontram os corpos celulares das células bipolares horizontais e das amácrinas, tem-se a quinta camada, a nuclear interna.

A próxima camada é a camada plexiforme interna, que corresponde à segunda camada sináptica; é onde ocorrem as sinapses entre os interneurônios e as células ganglonares. A sétima camada é a camada de células ganglionares, que contém seus corpos celulares e onde se originam as fibras aferentes do olho. Por fim, tem-se a camada de nervo óptico, onde os axônios das células ganglionares se unem para formar o nervo óptico (Hall, 2011; Silverthorn, 2017).

Acompanhe cada uma dessas camadas na Figura 5.15.

Figura 5.15 – Camadas da retina

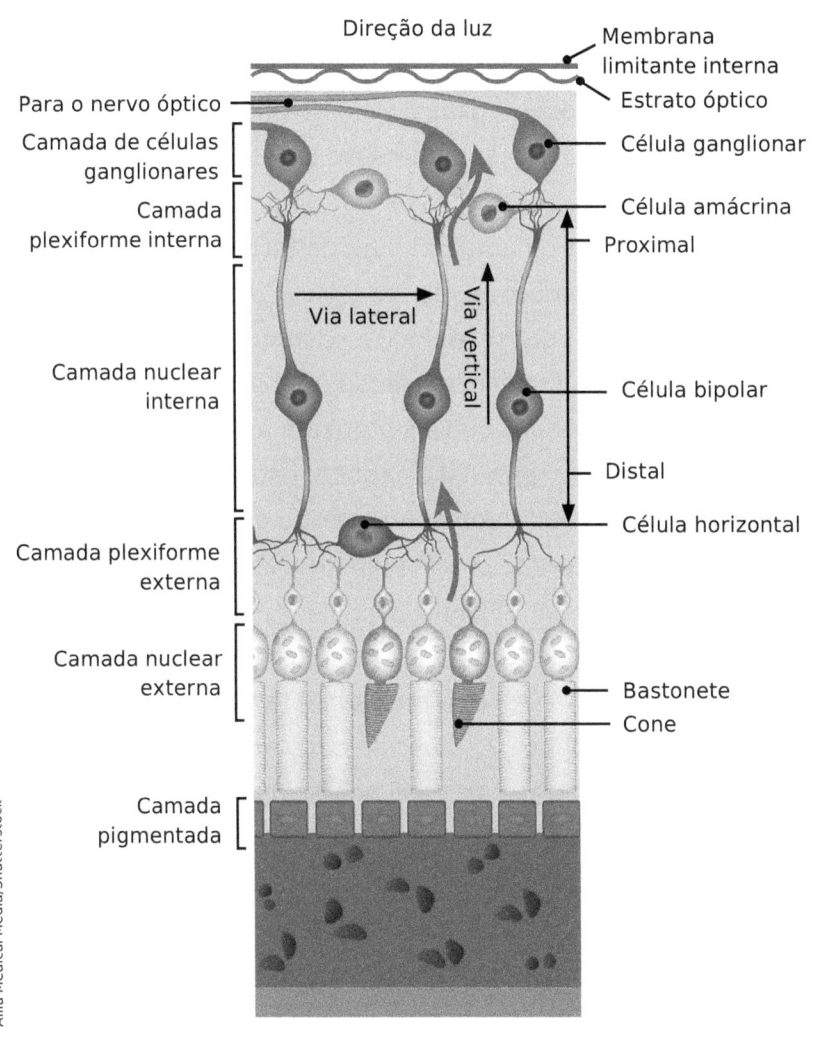

- Direção da luz
- Membrana limitante interna
- Estrato óptico
- Para o nervo óptico
- Camada de células ganglionares
- Célula ganglionar
- Camada plexiforme interna
- Célula amácrina
- Proximal
- Via lateral
- Via vertical
- Camada nuclear interna
- Célula bipolar
- Distal
- Célula horizontal
- Camada plexiforme externa
- Camada nuclear externa
- Bastonete
- Cone
- Camada pigmentada

Fonte: Hall, 2011, p. 646.

Os fotorreceptores podem ser divididos, estruturalmente, em segmentos externos, internos e terminais sinápticos. Os segmentos externos estão próximos à coroide e são responsáveis por detectar o estímulo da luz, pois possuem rodopsina, um fotopigmento. Nos bastonetes, esses segmentos são longos e formados por pilhas de discos flutuantes. Já os cones possuem segmentos externos pequenos e no formato de cone.

No que concerne à quantidade de fotopigmento, os bastonetes contêm as maiores (Hall, 2011). No meio do comprimento do fotorreceptor se encontra o segmento interno, local de alta concentração de mitocôndrias e outras organelas, as quais sintetizam a rodopsina.

A última porção, o terminal sináptico, está direcionada mais para o interior do olho, no sentido das células bipolares e horizontais, com quem realiza sinapses (Hall, 2011; Widmaier; Raff; Strang, 2017).

A quantidade de luz que entra no olho é controlada pelos músculos da íris, que regulam o tamanho da abertura da pupila. O músculo circular, quando estimulado por fibras nervosas parassimpáticas, contrai-se, constringindo a pupila e, por conseguinte, reduzindo seu tamanho. Já o músculo radial, inervado por fibras simpáticas, quando se contrai, induz à abertura ou à dilatação da pupila (Hall, 2011; Silverthorn, 2017).

Quando a luz incide sobre o olho, ela sofre refração, o que a direciona para a retina. As duas estruturas responsáveis por isso são a córnea e a lente. A primeira demonstra uma alta capacidade refrativa; no entanto, essa capacidade se mantém constante. A segunda, apesar de ter uma capacidade refrativa menor, pode ajustá-la ao modificar sua curvatura por meio da ação dos músculos ciliares (Silverthorn, 2017).

O processo de ajustar o diâmetro da lente é conhecido como *acomodação* e, quando o músculo ciliar se contrai (por atividade parassimpática), a lente tende a ficar mais esférica, o que aumenta a refração da luz. Já quando ele está relaxado (por atividade simpática), a lente assume um formato mais achatado, o que diminui seu potencial refrativo (Hall, 2011; Silverthorn, 2017).

O músculo ciliar está conectado à lente pelos ligamentos suspensores, como mostra a Figura 5.16. Quando esse músculo se contrai, os ligamentos são relaxados, facilitando que a lente fique mais esférica. Ao relaxar, os ligamentos são tensionados, ocasionando o formato mais achatado (Hall, 2011).

Figura 5.16 – Ligamentos suspensores envolvidos na acomodação

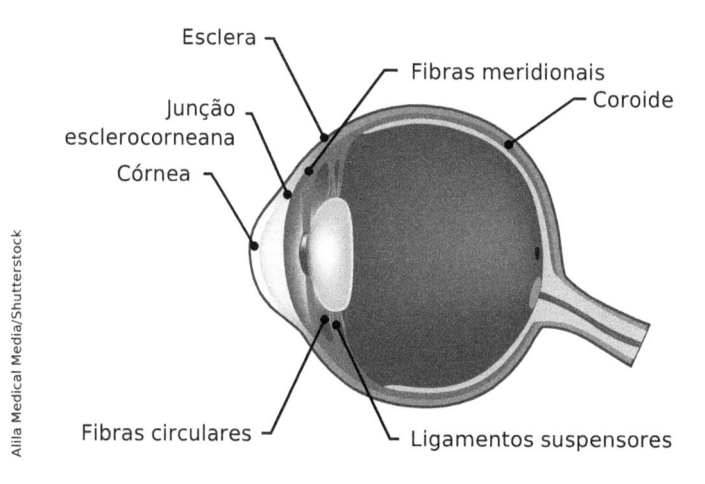

Fonte: Hall, 2011, p. 635.

Vimos que a refração da luz visa projetar a imagem sobre a retina. Se o globo ocular é muito longo ou a lente é muito forte, a luz de fonte distante do olho tende a ser focada antes da retina, gerando uma imagem embaçada. Essa condição é conhecida como *miopia*. Por outro lado, se o globo ocular é muito curto ou a lente é muito fraca, os objetos próximos tendem a ser focados atrás da retina, ficando, assim, embaçados. Nessa situação, tem-se a chamada *hipermetropia* (Widmaier; Raff; Strang, 2017).

Ao olharmos para um objeto, o nosso olho orienta-se para o ponto de fixação. A luz desse ponto segue em direção à fóvea, local de maior acuidade visual; logo, o ponto onde a visão se torna mais nítida. Como mencionamos, duas estruturas auxiliam nesse processo, a íris e a lente: a primeira controla a quantidade de luz que entra no olho e a segunda acomoda o ponto focal sobre a retina (Hall, 2011; Silverthorn, 2017). Quando a luz incide sobre a retina, qualquer raio luminoso que não chegue aos fotorreceptores é absorvido pela camada pigmentar, evitando que essa luz seja refletida para o interior do olho (Hall, 2011).

Tanto os cones quanto os bastonetes possuem os fotopigmentos sensíveis à luz, que são constituídos por uma glicoproteína, chamada de *opsina*, e por um derivado da vitamina A, chamado de *retinal*. Nos bastonetes, esse fotopigmento recebe o nome de *rodopsina*, enquanto nos cones existem três diferentes pigmentos diretamente ligados à rodopsina.

No momento em que a luz incide nos fotorreceptores, o retinal é modificado em um processo denominado *fotoisomerização*, o qual dá início à transdução e é semelhante tanto nos bastonetes quanto nos cones (Hall, 2011; Silverthorn, 2017; Widmaier; Raff; Strang, 2017). No ambiente escuro, o retinal se encontra na formação 11-cis-retinal, que é capaz de se ligar à opsina. Nessa condição, canais de sódio (Na^+) localizados na membrana do segmento externo, que são quimicamente controlados pelo monofosfato cíclico de guanosina (GMPc), mantêm-se abertos, induzindo o influxo dele. Isso despolariza o fotorreceptor, suscitando a abertura de canais de cálcio (Ca^{++}) voltagem-dependentes, o que estimula a secreção de glutamato. Por exemplo, quando os bastonetes estão no escuro, a rodopsina não é ativada, o que gera maior concentração de GMPc em seu interior e resulta na despolarização desse receptor. Isso cria secreção tônica de glutamato da porção sináptica do bastonete para a célula bipolar vizinha (Hall, 2011; Silverthorn, 2017).

Assim que a luz atinge a retina, o 11-cis-retinal absorve essa luz e se converte em todo-trans-retinal, modificando sua estrutura. Isso ativa uma proteína G denominada *transducina*, que acarreta a diminuição da concentração do GMPc no fotorreceptor. Isso bloqueia os canais de Na^+ dependentes de GMPc e culmina em hiperpolarização. Dessa forma, ocorre a diminuição na liberação de glutamato pelos fotorreceptores em direção às células bipolar ou horizontal.

Nessas células podem existir receptores excitatórios ou inibitórios para o glutamato (Hall, 2011; Silverthorn, 2017). Portanto, a diminuição em sua liberação pode ter como resultado uma excitação ou uma inibição dessas células. Esse é o processo básico que estabelece os padrões de ligado-desligado dos campos visuais (Silverthorn, 2017).

Dependendo da localização na retina, entre 15 e 45 fotorreceptores convergem para um mesmo neurônio bipolar. Por sua vez, diversos neurônios bipolares podem inervar uma única célula ganglionar, permitindo que os impulsos de diversos fotorreceptores sejam direcionados para alguns axônios que deixaram o olho através do nervo óptico.

No caso da fóvea, existe uma relação de 1:1 entre alguns fotorreceptores e os neurônios bipolares, o que justifica sua maior acuidade visual (Hall, 2011). O processamento das informações da retina ainda é modulado pelas células horizontais e amácrinas. As primeiras realizam sinapses tanto com os fotorreceptores quanto com as células bipolares. Já as segundas modulam as informações que são transmitidas entre as células bipolares e as ganglionares (Hall, 2011; Silverthorn, 2017).

O glutamato liberado pelos fotorreceptores para as células bipolares inicia o processamento da informação. Essas células se dividem em dois tipos (Hall, 2011; Silverthorn, 2017):

1. **Células bipolares ON (luz-ligada)**: São ativadas na presença de luz, quando ocorre a redução da secreção de glutamato, e inibidas no escuro.
2. **Células bipolares OFF (luz-desligada)**: São excitadas pela liberação do glutamato no escuro e inibidas na ausência ou na redução do glutamato pela luz.

As células bipolares fazem sinapses com as células ganglionares, e cada uma delas recebe informação de uma área específica da retina, o que delimita seu campo visual. Esses campos visuais são aproximadamente circulares e divididos em um centro e uma periferia circulares. Isso permite que as células ganglionares utilizem o contraste existente entre a porção central e a periférica para processar a informação visual. Por exemplo, um contraste forte entre a porção central e a periférica pode gerar respostas excitatórias ou inibitórias intensas nas células ganglionares, como explica o quadro adiante.

Quadro 5.1 – Campos visuais

Tipo de campo visual	Campo centro On/periferia Off	Campo centro Off/periferia On
Centro On, periferia Off — Luz incide no centro	A célula ganglionar é excitada pela luz no centro do campo visual.	A célula ganglionar é inibida pela luz no centro do campo visual.
Centro Off, periferia On — Luz incide na periferia / Luz incide na periferia	A célula ganglionar é inibida pela luz na periferia do campo visual.	A célula ganglionar é excitada pela luz na periferia do campo visual.
Ambos os tipos de campos — Luz difusa atingindo tanto o centro quanto a periferia	A célula ganglionar responde fracamente.	A célula ganglionar responde fracamente.

Fonte: Silverthorn, 2017, p. 351.

Ainda, pode-se dividir o campo visual das células ganglionares em campo centro-on/periferia-off e campo centro-off/periferia-on. No primeiro caso, as células respondem de forma mais intensa quando a luz se projeta no centro do campo e, se ela incide na região periférica-off, as células são fortemente inibidas, parando de disparar potenciais de ação. No segundo caso (centro-off/periferia-on), ocorre o inverso (Hall, 2011; Silverthorn, 2017; Widmaier; Raff; Strang, 2017).

As vias neurais visuais consistem nos axônios das células ganglionares que ficam localizados na camada do nervo óptico e passam pela retina, evitando a mácula, por onde entram no disco óptico, que é levemente descentralizado. Nessa região não existem bastonetes nem cones, razão por que ela é definida como o ponto cego, no qual nenhuma imagem pode ser detectada (Hall, 2011; Silverthorn, 2017). Confira a imagem a seguir.

Figura 5.17 – Incidência da luz diretamente sobre a fóvea devido ao deslocamento lateral dos neurônios que cobrem essa região

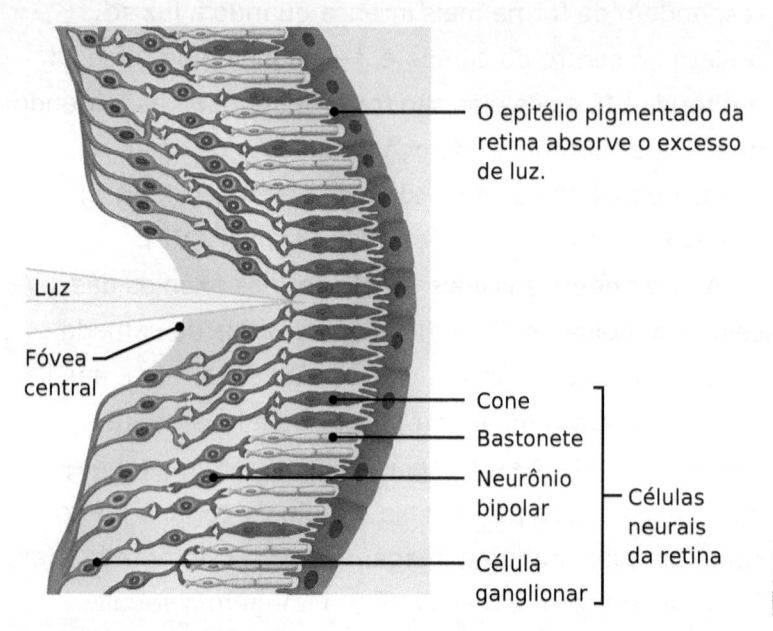

O epitélio pigmentado da retina absorve o excesso de luz.

Luz

Fóvea central

Cone
Bastonete
Neurônio bipolar
Célula ganglionar

Células neurais da retina

Will Amaro

Fonte: Silverthorn, 2017, p. 347.

Assim que as informações são transmitidas para as células ganglionares, elas são enviadas para o sistema nervoso central (SNC), onde são devidamente processadas (Hall, 2011).

Para compreendermos os mecanismos neuronais visuais, é importante primeiro termos em mente que os campos visuais projetados na retina de cada olho podem ser divididos em campos nasal e temporal. De maneira simples, a imagem proveniente do lado contralateral de um olho é projetada sobre sua hemiretina temporal, enquanto a imagem homolateral do campo visual é projetada na hemiretina nasal. Por exemplo, para o olho esquerdo, as imagens que se originam do lado direito são projetadas na porção temporal da retina, ao passo que as informações provenientes do lado esquerdo se dirigem para a retina nasal (Hall, 2011; Silverthorn, 2017).

Os nervos ópticos, que se originam na hemiretina nasal de cada olho, cruzam para o lado oposto na região do quiasma óptico, ascendendo contralateralmente. As fibras que se originam do quiasma óptico com os nervos ópticos temporais dão origem aos tratos ópticos direito e esquerdo, que realizam sinapse nos núcleos geniculados laterais no tálamo.

Dessa forma, por exemplo, as fibras da hemiretina nasal esquerda e as fibras da hemiretina temporal direita formam o trato óptico direito, que realizam sinapses no núcleo geniculado lateral direito, como pode ser visualizado na Figura 5.18 (Hall, 2011; Silverthorn, 2017; Widmaier; Raff; Strang, 2017).

Figura 5.18 – Vias neurológicas de transmissão do estímulo visual

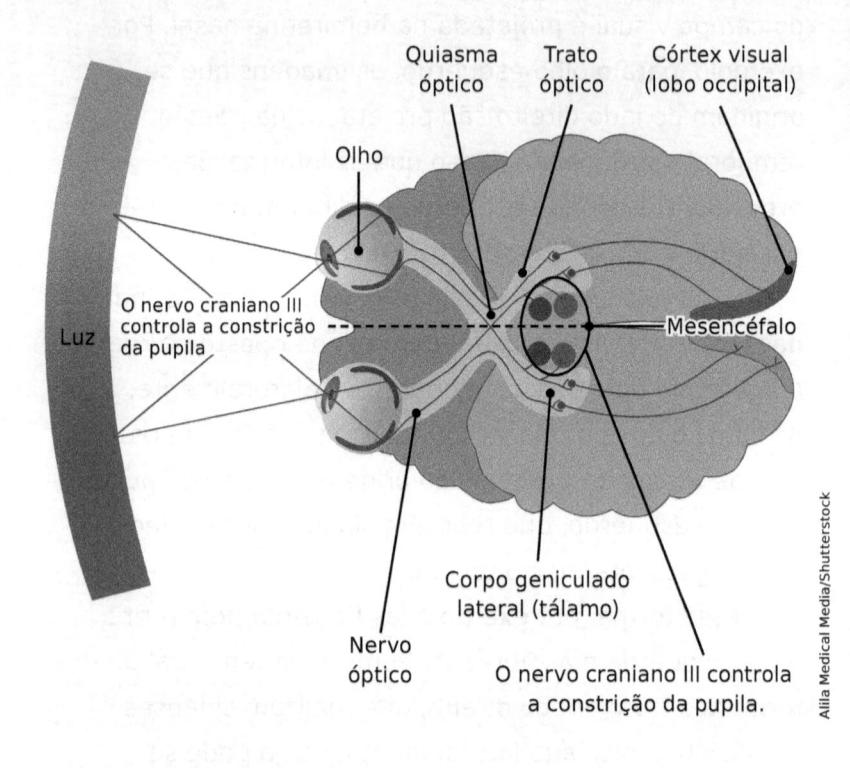

Labels: Olho; Quiasma óptico; Trato óptico; Córtex visual (lobo occipital); Luz; O nervo craniano III controla a constrição da pupila; Mesencéfalo; Nervo óptico; Corpo geniculado lateral (tálamo); O nervo craniano III controla a constrição da pupila.

Fonte: Silverthorn, 2017, p. 342.

A partir do núcleo geniculado lateral emerge o trato geniculocalcarino (radiações ópticas), que se direciona até o córtex visual primário, localizado no lobo occipital. Assim, pode-se perceber que cada trato óptico fornece à metade do cérebro no mesmo lado informações provenientes do lado oposto do campo visual (Hall, 2011).

Além disso, algumas fibras provenientes do corpo geniculado lateral são projetadas para o mesencéfalo (colículo superior), participando no controle do movimento dos olhos (Figura 5.18), bem como na coordenação do equilíbrio e do movimento corporal, em associação com informações somatossensoriais e auditivas (Silverthorn, 2017).

No córtex, as informações monoculares dos dois olhos são unidas, fornecendo uma visão binocular do ambiente em que estamos e nos permitindo ter a percepção de profundidade (estereopsia) (Hall, 2011). As informações combinadas das células ganglionares e das células on/off são processadas em sensibilidade à orientação de barras, nas vias mais simples, ou em cor, movimento e estrutura mais detalhada, nas vias mais complexas.

Isso demonstra que cada um dos atributos do estímulo visual é processado em uma via específica, o que viabiliza uma rede complexa de percepções. Algumas fibras também são projetadas a outras regiões do cérebro, auxiliando em funções que não estão associadas, necessariamente, à visão, mas que dependem de impulsos originados nos cones e nos bastonetes – por exemplo, auxiliar na manutenção do estado de atenção e de vigília, assim como controlar o tamanho da pupila e os movimentos dos olhos (Silverthorn, 2017).

Estudo de caso

No ramo da óptica, pode-se estudar a luz, ou a radiação eletromagnética, sob diversos ângulos. Uma dessas possibilidades é levar em consideração seu carácter ondulatório. Em determinadas situações, verificam-se franjas de difração, característica exclusiva de ondas. Com base em experimentos que produzem interferência luminosa, pode-se identificar uma característica importante da luz em questão: seu comprimento de onda.

Veja a seguir, em um caso prático, como é possível utilizar a interferência luminosa para entender a fonte de luz em exame e fenômenos como os vistos em bolhas de sabão.

A luz monocromática, ao passar por uma fenda cuja dimensão é da ordem de grandeza de seu comprimento de onda, produz um padrão de interferência conhecido como *franjas de difração*, que ocorre quando a luz passa por uma fenda dupla e é responsável pelo efeito visto em bolhas de sabão.

As ondas de luz refratam e se refletem na película da água. Assim, os raios que sofreram refração podem voltar à superfície, combinando-se com os raios que sofreram reflexão. Essa combinação pode ser construtiva e produzir uma cor. Como a superfície é irregular, diversas cores podem se formar; daí o efeito arco-íris é observado, podendo mudar a depender da posição de onde se está analisando esse processo.

Já a interferência das ondas pode ser usada para medidas bastantes precisas de distância ou de comprimento de onda da fonte. Os instrumentos que desempenham essa função são chamados de *interferômetros* – exemplo disso é o interferômetro de Michelson.

O estudo da interferência das ondas eletromagnéticas é bastante aproveitado nas telecomunicações, já que ela usa as referidas ondas como meio de funcionamento. Uma aplicação prática do experimento de Young é separar duas ondas eletromagnéticas de comprimento de onda diferentes. Isso porque seus máximos estarão em posições diferentes em virtude de seu comprimento de onda, o que é confirmado pela equação $y = (m\lambda \cdot L)/d$, que gera os máximos devido ao comprimento de onda a uma grande distância L em relação a d.

Nesse caso, se avaliada a interferência da onda recombinada considerando-se as distâncias percorridas, pode-se medir, com alta precisão, o comprimento de onda ou, conhecendo-se este, calcular a distância percorrida.

Em complemento à discussão, com vistas a expandir o conhecimento sobre óptica, recomendamos a consulta aos seguintes materiais:

- UNIVERSIDADE DO COLORADO. **Som**. Disponível em: <https://phet.colorado.edu/pt_BR/simulation/legacy/sound>. Acesso em: 10 jun. 2021.
  No *link* indicado, é possível acompanhar um experimento virtual de ondas sonoras realizado pela Universidade do Colorado.

- VALQUES, I. J. B. **Avaliação da qualidade ambiental acústica urbana**: parametrização e quantificação das variáveis que influenciam a percepção da paisagem sonora, através da análise multivariada, no campus sede da Universidade Estadual de Maringá. 291 f. Tese (Doutorado em Ciências) – Universidade de São Paulo, São Carlos, 2016. Disponível em: <https://www.teses.usp.br/teses/disponiveis/102/102131/tde-23012017-101930/publico/IgorValques_TeseCorrigida.pdf>. Acesso em: 10 jun. 2021.

  A tese de doutorado de Igor José Botelho Valques, da Universidade de São Paulo (USP), apresenta um exemplo de avaliação da qualidade ambiental da acústica urbana.

- DANTAS, J. D.; CRUZ, S. da S. Um olhar físico sobre a teoria musical. **Revista Brasileira de Ensino de Física**, v. 41, n. 1, 2019. Disponível em: <https://www.scielo.br/j/rbef/a/gTdBnrnzkwR56bzGmDHxpRt/?lang=pt#top>. Acesso em: 9 set. 2021.

  O artigo a seguir apresenta uma discussão sobre vários conceitos da física atual no contexto da teoria musical. Ainda, explora temas importantes na produção de músicas para jogos, como tempo, frequência, intensidade, timbre e ritmo. Trata-se de uma importante síntese dos principais assuntos abordados ao longo do estudo de caso.

Considerações finais

No decorrer da obra, demonstramos que a Física (especialmente a acústica e a óptica) desempenha um papel fundamental em nosso cotidiano, delimitando vários de seus aspectos.

Nesse sentido, os cinco capítulos que integraram este livro reuniram contribuições da cognição/educação, da informação, da estética – como fatos sobre conceitos, características, equações, casos –, dentre outros campos do conhecimento.

Assim, no Capítulo 1, dedicamo-nos ao estudo da rotação, ao passo que, no Capítulo 2, nossa atenção se voltou para o som e a acústica, tratando ainda do efeito Doppler. Não nos limitando a essas temáticas, nos demais capítulos enfocamos a óptica e todos os seus subtemas, como os espelhos, a interferência, a difração e os cálculos a eles concernentes.

Esperamos que você, leitor, tenha absorvido as informações durante a leitura deste livro e também que esta obra possa servir como um ponto de partida para futuras investigações sobre os temas aqui tratados.

Referências

ABNT – Associação Brasileira de Normas Técnicas. **NBR 10151**: acústica – medição e avaliação de níveis de pressão sonora em áreas habitadas – aplicação de uso geral. Rio de Janeiro, 2019.

ABNT – Associação Brasileira de Normas Técnicas. **NBR 10152**: acústica – níveis de pressão sonora em ambientes internos a edificações. Rio de Janeiro, 2017.

ALVARENGA, L. G. de. **Tratado geral sobre o som e a música**. [S.l.]: Clube de Autores, 2017.

ARCHANJO, E. M. J. et al. **Ensino médio**: matemática, ciências da natureza e suas tecnologias. São Paulo: Pearson, 2015.

BAUER, W.; WESTFALL, G. D.; DIAS, H. **Física para universitários**: mecânica. Tradução de Iuri Duquia Abreu e Manuel Almeida Andrade Neto. São Paulo: AMGH, 2013.

BEAR, M. F.; CONNORS, B. W.; PARADISO, M. A. **Neurociências**: desvendando o sistema nervoso. Tradução de Jorge Alberto Quillfeldt. 2. ed. Porto Alegre: Artmed, 2002.

BLATRIX, S. [Sem título]. 2018. In: PUJOL, R. Campo auditivo humano. **Cochlea**, 6 jun. 2018. Disponível em: <http://www.cochlea.org/po/som/campo-auditivo-humano>. Acesso em: 18 jun. 2021.

BONJORNO, J. R.; CLINTON, M. R.; LUÍS, A. A. **Física**: termologia, óptica, ondulatória. São Paulo: FTD, 2010. v. 2.

BRASIL. Ministério do Trabalho. Portaria n. 3.214, de 8 de junho de 1978. **Diário Oficial da União**, Brasília, DF, 6 jul. 1978. Disponível em: <https://www.gov.br/trabalho/pt-br/inspecao/seguranca-e-saude-no-trabalho/sst-portarias/1978/portaria_3-214_aprova_as_nrs.pdf>. Acesso em: 18 jun. 2021.

BUXTON, P. **Manual do arquiteto**: planejamento, dimensionamento e projeto. Tradução de Alexandre Salvaterra. 5. ed. Porto Alegre: Bookman, 2017.

CASSILHA, G. A.; CASSILHA, S. A. **Planejamento urbano e meio ambiente**. Curitiba: Iesde Brasil, 2007.

CHAVES, A.; SAMPAIO, J. F. **Física básica**: mecânica. Rio de Janeiro: LTC, 2007.

DANTAS, J. D.; CRUZ, S. da S. Um olhar físico sobre a teoria musical. **Revista Brasileira de Ensino de Física**, v. 41, n. 1, 2019. Disponível em: <https://www.scielo.br/j/rbef/a/gTdBnrnzkwR56bzGmDHxpRt/?lang=pt&format=pdf>. Acesso em: 18 jun. 2021.

DAVIDOVITS, P. **Physics in Biology and Medicine**. 4. ed. San Diego: Elsevier, 2013.

DIAS, M. A. Medindo a velocidade de um Fórmula 1 com o efeito Doppler. In: SIMPÓSIO NACIONAL DE ENSINO DE FÍSICA, 18., 2009, Vitória. Disponível em: <https://www.if.ufrj.br/~pef/producao_academica/anais/2009snef/MarcoAdrianoT0092-1.pdf>. Acesso em: 18 jun. 2021.

DREOSSI, R. C. F.; MOMENSOHN-SANTOS, T. M. **Ruído e reconhecimento de fala em crianças da 4ª série do ensino fundamental**. 149 f. Dissertação (Mestrado em Fonoaudiologia) – Pontifícia Universidade Católica de São Paulo, São Paulo, 2003.

FERNANDES, J. C. **O ruído ambiental**: seus efeitos e seu controle. Bauru, 2002. Apostila digitada.

FERREIRA, M. da S. **Artesãos online**: parcerias virtuais e hardware livre. 106 f. Dissertação (Mestrado em Ciências Sociais) – Universidade Federal do Rio Grande do Norte, Natal, 2018. Disponível em: <https://repositorio.ufrn.br/jspui/bitstream/123456789/26138/1/Artes%C3%A3oonlineparcerias_Ferreira_2018.pdf>. Acesso em: 18 jun. 2021.

FONSECA, N. **Introdução à engenharia de som**. 6. ed. São Paulo: FCA, 2012.

FORTUNA, V. da S. **Um simulador de tráfego para o estudo do ruído**. 94 f. Dissertação (Mestrado em Estatística Aplicada e Modelação) – Universidade do Porto, Porto, 2006. Disponível em: <https://repositorio-aberto.up.pt/bitstream/10216/12041/2/Texto%20integral.pdf>. Acesso em: 18 jun. 2021.

GERGES, S. N. Y. **Ruído**: fundamentos e controle. 2. ed. Florianópolis: NR, 2000.

GUIMARÃES, L. G. **Análise dos níveis de pressão sonora nos locais de maior incidência de ruído na cidade de Santa Maria, RS**. 61 f. Monografia (Especialização em Educação Ambiental) – Universidade Federal de Santa Maria, Santa Maria, 2005. Disponível em: <https://repositorio.ufsm.br/bitstream/handle/1/2184/Guimaraes_Luis_Garcia.pdf?sequence=1&isAllowed=y>. Acesso em: 18 jun. 2021.

HALL, J. E. **Tratado de fisiologia médica**. Tradução de Alcides Marinho Junior et al. 12. ed. Rio de Janeiro: Elsevier, 2011.

HALLIDAY, D.; RESNICK, R.; WALKER, J. **Fundamentos de física**. Tradução de Ronaldo Sérgio de Biasi. 4. ed. Rio de Janeiro: LTC, 1996. v. 1: Mecânica.

HALLIDAY, D.; RESNICK, R.; WALKER, J. **Fundamentos de física**. Tradução de Ronaldo Sérgio de Biasi. 10. ed. Rio de Janeiro: LTC, 2016. v. 1: Mecânica.

HALLIDAY, D.; RESNICK, R.; WALKER, J. **Fundamentos de física**. Tradução de Ronaldo Sérgio de Biasi. 9. ed. Rio de Janeiro: LTC, 2012. v. 2: Gravitação, ondas e termodinâmica.

HEWITT, P. G. **Física conceitual**. Tradução de Trieste Freire Ricci. 12. ed. Porto Alegre: Bookman, 2015.

HEWITT, P. G. **Fundamentos de física conceitual**. Tradução de Trieste Freire Ricci. Porto Alegre: Bookman, 2010.

ISO – International Organization for Standardization. **ISO 1996**: Acoustics – Description, Measurement and Assessment of Environmental Noise – Part 1: Basic Quantities and Assessment Procedures. 3. ed. Vernier, 2016.

ISO – International Organization for Standardization. **ISO 1996**: Acoustics – Description, Measurement and Assessment of Environmental Noise – Part 2: Determination of Sound Pressure Levels. 3. ed. Vernier, 2017.

JAMES, W. What is an Emotion? **Mind**, v. 9, n. 34, p. 188-205, Apr. 1884.

JEWETT JR., J. W.; SERWAY, R. A. **Física para cientistas e engenheiros**. Tradução de EZ2 Translate. 2. ed. São Paulo: Cengage Learning, 2011. v. 2: Oscilações, ondas e termodinâmica.

KARLEN, M. **Planejamento de espaços internos**. Tradução de Alexandre Salvaterra. 3. ed. Porto Alegre: Bookman, 2013.

KNIGHT, R. D. **Física**: uma abordagem estratégica. Tradução de Iuri Duquia Abreu. 2. ed. Porto Alegre: Bookman, 2009a. (Mecânica newtoniana, gravitação, oscilações e ondas, v. 1).

KNIGHT, R. D. **Física**: uma abordagem estratégica. Tradução de Iuri Duquia Abreu. 2. ed. Porto Alegre: Bookman, 2009b. (Termodinâmica óptica, v. 2).

KOEHLER, J. **Qual a diferença entre nível de pressão acústica e nível de potência acústica?** 8 maio 2015. Disponível em: <http://www.koeeng.com.br/textos/LD002%20-%20Pot%C3%AAncia%20ac%C3%BAstica%20x%20press%C3%A3o%20ac%C3%BAstica.pdf>. Acesso em: 18 jun. 2021.

LISBOA, C. A. **A intenção do intérprete e a percepção do ouvinte**: um estudo das emoções em música a partir da obra Piano Piece de Jamary Oliveira. 196 f. Tese (Doutorado em Música) – Universidade Federal da Bahia, Salvador, 2008. Disponível em: <https://repositorio.ufba.br/ri/bitstream/ri/9116/1/Tese%20Christian%20Alessandro%20Lisboa.pdf>. Acesso em: 18 jun. 2021.

LUNDQUIST, P. et al. Sound Levels in Classrooms and Effects on Self-Reported Mood Among School Children. **Perceptual and Motor Skills**, v. 96, n. 3, p. 1289-1299, June 2003.

MOURÃO JÚNIOR, C. A.; ABRAMOV, D. M. **Biofísica essencial**. Rio de Janeiro: Guanabara Koogan, 2017.

OLIVEIRA, L. C. de; GOLDEMBERG, R.; MANZOLLI, J. Percepção de instrumento musical sintético construído por modelo experimental. In: SIMPÓSIO DE COGNIÇÃO E ARTES MUSICAIS – SIMCAM, 4., 2008, São Paulo. **Anais...** São Paulo: Simcam, 2008. p. 477-484. Disponível em: <https://abcogmus.org/wp-content/uploads/2020/09/SIMCAM4.pdf>. Acesso em: 18 jun. 2021.

PEERDEMAN, P. **Sound and Music in Games**. Amsterdam, Apr. 2010. Disponível em: <https://peterpeerdeman.nl/vu/ls/peerdeman_sound_and_music_in_games.pdf>. Acesso em: 18 jun. 2021.

RESNICK, R.; HALLIDAY, D.; KRANE, K. S. **Física 1**. Tradução de Pedro Manuel Calas Lopes Pacheco et al. Rio de Janeiro: LTC, 2017.

RONCOLATO, M.; PRADO, G.; TOGLET, A. Os ruídos das cidades. **Nexo**, 21 jul. 2016. Disponível em: <https://www.nexojornal.com.br/especial/2016/07/22/Os-ru%C3%ADdos-das-cidades>. Acesso em: 18 jun. 2021.

SATO, H.; RAMOS, I. M. L. **Física para edificações**. Porto Alegre: Bookman, 2015. (Coleção Bases Científicas para o Ensino Técnico).

SHAPIRO, I. L.; PEIXOTO, G. de B. **Introdução à mecânica clássica**. São Paulo: Livraria da Física, 2010.

SILVA JÚNIOR, J. S. da. O que é pressão? **Brasil Escola**. Disponível em: <https://brasilescola.uol.com.br/o-que-e/fisica/o-que-e-pressao.htm>. Acesso em: 18 jun. 2021.

SILVERTHORN, D. U. **Fisiologia humana**: uma abordagem integrada. Tradução de Ivana Beatrice Mânica da Cruz et al. 7. ed. Porto Alegre: Artmed, 2017.

SLEIFER, P. et al. Análise dos níveis de pressão sonora emitidos por brinquedos infantis. **Revista Paulista de Pediatria**, v. 31, n. 2, p. 218-222, 2013. Disponível em: <https://www.scielo.br/j/rpp/a/SQkZtW8PVgfqpYrxNCpygdK/?lang=pt&format=pdf>. Acesso em: 18 jun. 2021.

VALLE, S. do. **Manual prático de acústica**. 3. ed. Rio de Janeiro: Música e Tecnologia, 2009.

WIDMAIER, E. P.; RAFF, H.; STRANG, K. T. **Fisiologia humana**: os mecanismos das funções corporais. 14. ed. Rio de Janeiro: Guanabara Koogan, 2017.

YOUNG, H. D.; FREEDMAN, R. A. **Física II**: termodinâmica e ondas. Tradução de Daniel Vieira. 14. ed. São Paulo: Pearson, 2015.

YOUNG, H. D.; FREEDMAN, R. A. **Física IV**: ótica e física moderna. Tradução de Daniel Vieira. 12. ed. São Paulo: Pearson, 2009.

Bibliografia comentada

ARCHANJO, E. M. J. et al. **Ensino médio**: matemática, ciências da natureza e suas tecnologias. São Paulo: Pearson, 2015.

De maneira didática, esse livro aborda diversos conteúdos concernentes às ciências da natureza, em especial as ondas, e sua aplicação prática.

BONJORNO, J. R. et al. **Física**. São Paulo: FTD, 2010.

Essa obra trata da física em geral, mas dedica especial atenção ao estudo do efeito Doppler.

HEWITT, P. G. **Fundamentos de física conceitual**. Tradução de Trieste Freire Ricci. 10. ed. Porto Alegre: Bookman, 2010.

Entres os tópicos analisados nesse material estão diretrizes, normas e leis que arquitetos, engenheiros e fabricantes de materiais de construção devem seguir, e esse livro oferece um importante auxílio nesse processo.

KARLEN, M. **Planejamento de espaços internos**. Tradução de Alexandre Salvaterra. 3. ed. Porto Alegre: Bookman, 2010.

Entre os assuntos profundamente explorados nesse livro estão as grandezas e a pressão sonora, importantes para nosso estudo.

Sobre a autora

Diovana de Mello Lalis é doutora (2019), pela Universidade Federal de Santa Maria (UFSM), mestra (2015), pela Universidade dos Estado de Santa Catarina (UDESC), e graduada (2011), pela UFSM, em Física. Atualmente, é professora do curso de Engenharia de Produção na UCEFF e professora de Química e Física da Secretaria da Educação do Estado de Santa Catarina. Tem experiência na área de supercondutores e sistemas fortemente correlacionados.

Os papéis utilizados neste livro, certificados por instituições ambientais competentes, são recicláveis, provenientes de fontes renováveis e, portanto, um meio **respons**ável e natural de informação e conhecimento.

Impressão: Reproset
Maio/2023